# 服装创意设计与案例分析

朱洪峰　陈鹏　晁英娜　编著

中国纺织出版社

## 内容提要

本书在对服装设计进行简单介绍的基础上分别介绍了服装分类设计、服装设计的程序、服装设计的创造性思维、服装设计形式美法则的运用、服装设计定位及创意服装设计、创意服装设计作品赏析等知识。书中对如何培养读者的创造性思维进行了重点阐述，并且在最后一章中以著名设计师的代表作品为例，详细地讲述了从灵感到设计以及最后怎样完成作品的全过程，想以此启发读者的创造性思维。本书既可供服装专业的学生阅读参考使用，也可供服装设计从业人员和广大服装爱好者学习和研究。

**图书在版编目（CIP）数据**

服装创意设计与案例分析 / 朱洪峰，陈鹏，晁英娜
著 . —北京：中国纺织出版社，2017.11（2022.7 重印）
ISBN 978-7-5180-3626-4

Ⅰ . ①服…　Ⅱ . ①朱… ②陈… ③晁…　Ⅲ . ①服装设
计　Ⅳ . ① TS941.2

中国版本图书馆 CIP 数据核字（2017）第 119271 号

责任编辑：武洋洋　　　　　　　　责任印制：储志伟

中国纺织出版社出版发行
地址：北京市朝阳区百子湾东里 A407 号楼　邮政编码：100124
销售电话：010-67004422　传真：010-87155801
http：//www.c-textilep.com
E-mail：faxing@e-textilep.com
中国纺织出版社天猫旗舰店
官方微博 http：//www.weibo.com/2119887771
北京虎彩文化传播有限公司　各地新华书店经销
2017 年 11 月第 1 版　　2022 年 7 月第 18 次印刷
开本：710×1000　1/16　印张：12.625
字数：226 千字　定价：52.50 元

# 前　言

　　服装设计属于工艺美术范畴，是艺术与技术、美学与科学的有效结合。服装设计看似只是对服装领域的研究，但事实上，它是一门涉及多领域的边缘学科，与很多其他自然科学和社会科学密切相关，如历史、哲学、文学、心理学、生理学等。由此可见，服装设计是一门综合性艺术，在综合多种科学理论的同时，用其独特的视觉语言和造型艺术传达出人们的美好情感。从这个角度来讲，我们又可以分两个模块来对服装设计进行具体分析。首先，服装设计是一种艺术，它最先以一种视觉形象进入人们的生活。不同的时代，不同的潮流，服装的设计具有不同的特征，但是它们一直表现着独特的时尚性和美观性。其次，服装也是一种实用物品，对于一般人来说，实用是最重要的性质。人们在购买服装时，要考虑其经济性、适用性、社会性等，所以设计师在设计服装时，也应该充分考虑到这些因素。

　　服装行业在世界范围内发展非常迅速，这就对我国服装行业的总体水平和设计研发能力提出了更新、更高的要求。我国自改革开放以来，已经成为第二大经济体，但同时也造成了严重的环境破坏，产业结构调整迫在眉睫。因此，创造性思维的培养也是时代发展的必然要求。《服装创意设计与案例分析》一书将围绕服装的创意设计，从理论和实践角度对其进行详细分析和论述。

　　本书共分为八章。第一章，对服装设计的基本理论知识进行简要介绍，包括服装设计理念、服装设计的原则与方法、现代服装设计的特性与发展等；第二章，对服装的分类设计进行探讨，包括服装分类方法、分类设计的原则与意义、具体的服装分类设计介绍等；第三章，对服装设计的程序进行详细阐述，一般可分为五个阶段，分别是准备阶段、构思阶段、提供设计概念阶段、结构设计阶段和缝制工艺设计阶段；第四章，对服装设计的创造性思维进行探讨，包括创造性思维的起源和具体分类；第五章，对服装设计形式美法则的内涵及其在服装设计中的运用进行分析论述；第六章，对产品设计的定位进行分析，包括对产品设计风格、产品的消费对象、营销策略制定、品牌服装设计定位等的分析；第七章，围绕创意服装设计对其形式、材质、装饰性艺术的创意进行阐释，并对创意服装设计的灵感和过程进行详细论述；第八章，在前文一系列理论探讨的基础上，列举一些具有代表性的创意服装设计作品，并对其进行具体赏析。

全书从理论和实践两个角度进行全面阐述，增强了其实用价值。另外，本书在文字论述的同时，插入了适量图片，增强了其艺术性和美观性。本书在撰写过程中借鉴了很多专家学者的相关研究成果，在此向大家表示衷心的感谢！限于作者水平，书中难免有些许瑕疵及不足之处，欢迎广大读者批评指正！

编者

2017 年 6 月

# 目　录

# 第一章　服装设计概论

　　服装的概念有广义和狭义之分。从广义上理解，服装是指衣服、鞋帽、饰品等的总称，它除了包括上衣、下衣之外，还涵盖了首饰、包袋、帽子、领带、手套、腰带、袜子等物品，我们可以把它理解为人类装扮自己的一种行为载体，是人们着装后所形成的整体状态；从狭义上理解，服装是指人们入场穿着的上衣和下衣的总称，也就是我们在日常生活中所说的"衣服"。

　　"衣食住行"是人们对生活中最为关心问题的总结。"衣"被放在了第一位，说明了服装与人类生活的紧密程度。服装的重要性在于它不仅仅是人类满足生存需要的一种产物，更强调了人作为社会的成员对精神与物质的更高层次的追求，是人类文明程度的一种体现。

　　在社会文明不断进步的今天，人们对服装产生了更高的要求，基于这种需求，服装设计作为一门实用艺术也得到了不同的发展。

　　服装设计与其他设计领域的区别，最明显的一点是以人为设计对象，以面料为设计主体，结合人体与性格等各类差异，运用一定的美学规律及相关素材、手段，配合以工艺、造型、色彩等要素综合完成的一种形式设计，同时也充分表达出设计者的设计构思。

　　社会的推动使人们对生活品味的要求越来越高，服装作为一种社会与艺术的文化形式，对人们在物质与精神、审美与使用上有着重要的促进作用，同时服装设计的发展也离不开人们对美好生活方式的追求，两者相辅相成，共同促进精神与物质的提升。

## 第一节　服装设计学的内涵与外延

　　服装设计师要同时具有艺术设计的实力和综合素质、较强的市场观念、科技意识及决策和应变能力。这主要取决于人们的审美及物质需求，设计师需要在一定的社会、科技、文化环境中，结合设计的思维形式、设计涉及的审美原理和方法，将设计构想清晰准确地表现出来，再结合素材与技艺使其完美的实物化，这种精神及物质的满足过程形成一个整体的运作程序，充分体现着设计师的综合素质及水准。

服装设计在不同的角度来说，其所侧重的整体目标也不尽相同。从企业的角度来说，生产是服装设计的首要环节，其贯穿着服装生产最重要的全部环节，它严格要求服装设计师要有充分的综合实力和素质、较强的科技意识、市场观念、决策及应变能力。而从个人的角度来说，服装是对个人进行包装设计的最直观的途径，在不同的人、不同的环境等的情况下外在心理因素和内在心理因素对服装造型特征等的选择大为不同。服装造型特征是人们从精神与物质上的双重表现，也是科技与艺术、文化与物质的综合体现。

服装设计中各要素间相互衔接又相互制约。不同色彩与材料组合而成的设计体现着不同款式，不同的裁剪方法又可以实现不同的造型，不同的缝制工艺取决于不同的剪裁方法。人在着装前后给人的一种状态完全不同，所以服装设计的主要依据是针对人的状态的设计而不仅仅局限于对各种要素的设定当中。整体的服装造型、服装与服饰配件之间的相互搭配在不同的国家、身份、年龄及性格上都有所侧重和区别。在设计的过程中，还要考虑到服装与环境之间的差异，应达到造型和色彩上与环境的相互依存，相互融合的协调统一。

服装造型有三大主要要素，分别为款式、面料和色彩。服装款式是服装设计时首先需要考虑到的，其在设计中起到服装的构架作用，也是服装造型的基础；面料则是体现款式带来架构之上的基本素材，正因为对服装的要求多种多样，同时受到大环境下带来的各种制约，因此不同的款式就需要运用到不同的材料；而色彩以其独特的存在方式，直接不同程度的影响着人们的情绪和情感，从人对物体的感官程度上来说，其又是最先进入人的感官传达系统当中的。因此色彩成为创造服装整体审美感受与艺术气氛的重要因素。在服装设计过程中，这三种要素相互依存又相互制约。这就要求设计师要在实际的使用或艺术表达上进行各个角度与程度的强化，以此区别设计的独立性与融合性。

服装在社会消费层次与使用、艺术表达形式上会有所不同，但从大的类别上来说，我们将服装设计分为两大类，分别为高级时装设计及成衣设计。

高级时装设计，这种设计主要针对的对象往往是某一个具体的人，由于对象的不同，也就要求在设计师，对设计对象各个方面的情况和体形等各种要素要有全面的了解，如社会地位、职业特点、体形特征、性格喜好、经济收入、审美情趣、文化素质、家庭环境、社会阅历等。其次要针对该设计的实际使用要求作相应了解，如不同民族文化差异、自然气候、风俗习惯、着装所使用的性质及环境等。以上这些特定因素的考虑，才能来决定服装的色彩配置、材料性能、款式结构及服饰配件。

不同于高级时装设计，成衣设计则是为社会消费的某一阶层的部分消费群体，其设计一般流通于市场当中。这就要求设计师根据设计目标的主流消费群体，把握国际潮流趋势、深入市场调研，结合地区、性别、年龄、职业等综合信息，详细了解该设计主要消费群体的审美心理、使用特征及对于服装款式、面料、色彩的实际要求，并从其多种需求当中找出相对统一、带有共同的要素的地方。在把握住这些需求后，在设计过程中还需要注意设计的功能性、科学性及合理性。成衣的批量模式在生活方式的多样化和专长的细分下，其适应性也逐渐增强。由于该类设计并不是针对某一个个体，而是一个群体，因此在普及基础上需要满足国家统一的标准型号、体形规格设计、设计和实施工艺流程的规范性和可操作性等，来满足批量生产中的成本、人力物力的有效节约，提升经济效益。

服装设计制作的具体过程中，对设计的艺术效果还可以通过创造性的处理手段来达到强化，其处理手段可以在版型的科学程度、材料的合理搭配、工艺的处理技巧、装饰的艺术手段等方面进行。在这种充分体现其设计完美性上，需要将服装的各种因素科学有序、有机的结合。因此，在服装设计中，设计师应具有较高的自由度和空间，以展示其才华。其次，设计师自身的艺术品位、艺术体验、技巧能力、艺术品位、对造型的利用及对要素的把握常常决定设计的成败。

# 第二节 现代服装设计的特性及发展历史

## 一、服装设计概念的诞生及发展历史

19世纪前服装设计的概念还没有出现，其真正出现这一概念是在18世纪中期，欧洲的产业革命兴起之后，其历史至今已有200余年。在这之前，包括服装设计，所有的手工艺制品都没有单独的设计概念，过去衣服的缝制、设计、裁剪都由裁缝一人独自完成。

### （一）服装设计概念的由来

人类在生产力低下的农耕时代，没有交通、通讯等的有力支持，生活节奏缓慢，服装的款式延续时间较长，通常成百上千年也不会被左右。在衣服的缝制上，多由一般人家自家缝制，衣服缝制手艺也代代相传。而有钱人家的衣服，则是由雇佣的裁缝至家中从量体开始到服装完成的全部操作。

19世纪中期，欧洲的一位年轻裁缝的创业，造就了服装设计行业的诞生。他在法国巴黎开设的一家裁缝店，专门为中产阶级的达官显贵缝制服装，在店铺的形式上，创新了一种以事先设计好样衣，以便顾客能更为便捷的选购。这名年轻人就是后来被人们称为"时装之父"的查尔斯·费雷德里克·沃斯。

沃斯是世界上最早把裁缝工作从宫廷、豪宅搬到社会，并自行设计和营销的裁缝，也是第一位将设计概念集于一身的裁缝。从沃斯开始，服装进入了由设计师主宰流行的新时代。

### （二）影响服装设计的发展背景

18世纪，英国的产业革命波及了整个欧洲和美洲，这对于人类来说是一场伟大的变革，它结束了漫长的农耕手工业时代，使人类社会跨入机械工业生产阶段，并且带动了整个社会的经济、文化、艺术的腾飞。正是在这场产业革命之后才诞生了真正意义上的设计。

19世纪，欧洲产业革命已接近尾声，法国已拥有75万台动力织机，飞速发展的纺织业以机械化大生产的方式，快速生产着品质优良的布匹。1846年，自美国人艾利亚斯·豪（Elias Howe，1819–1867）发明了两根线运作的缝纫机后，纺织与服装工业就不断涌现出新的技术革命，这促使沃斯的服装实业产生了史无前例的工业化和商品化现象，人们不远万里地来到巴黎整箱整箱地购买他的服装，沃斯的高级时装业在这一时期达到了发展的顶峰。虽然他的设计并没有脱离古典主义的轨道，但是我们不难看出，服装设计的发展与科学技术的推进、社会经济的变革等有着不可分割的联系。

20世纪初，一支俄罗斯芭蕾舞团为巴黎带去了阿拉伯风格的舞蹈《泪泉》，异国情调、宽松舒适的舞蹈服饰风格，吸引并震撼了当时的法国服装设计师，他们毅然抛弃了延续使用三百多年的紧身胸衣，吸收东方民族的服饰特色，破天荒地开创了东西方服饰艺术相结合的设计新思路。

第一次世界大战带来的影响不止是战争上的残酷，同时还有政治上的改变。欧洲女权运动的兴起、女子教育的普及，使妇女摆脱了以男性为主流的社会状态，开始出现离开家门走向社会的变革。这一切社会变革，都在客观上加速了女装的现代化设计进程。设计师根据时代需求，一反传统美学的既定价值，结束了有上千年女装历史的拖地长裙，由朴实、简洁、舒适的服装造型取而代之。从这一点上来看，战争、社会、艺术交流、文化思潮及政治变革对服装设计的发展起到至关重要的作用，所以说服装与社会背景是紧密相连。

## （三）服装设计师与服装流行发展趋势

服装设计经过一个半世纪的洗礼，从中涌现出无数优秀的设计师。在不断的革新与怀旧中，服装款式的变化无比丰富，一次次的造就和推翻，创新了国际流行时尚，这些设计师与流行的关系，微妙地经历了如下阶段。

### 1. 个体设计师主宰流行阶段

从 19 世纪中期服装设计师开创以来，服装设计师的队伍也在逐渐壮大。随着服装业的扩展，法国出现了许多设计新人，如 20 世纪初的保罗·波烈、玛德琳·维奥内，20 世纪 20 年代至 50 年代的加布里埃·夏奈尔，20 世纪 50 年代的克里斯汀·迪奥、克里斯托伯·巴伦夏加、皮埃尔·巴尔曼等。作为设计师群体的人物代表，这些在他们所在的年代里，主要工作是为社会上层名流、达官贵人以及演艺界成年女性设计高级时装。人们追逐设计师的时装发布信息，生怕自己会落伍而被人耻笑。这是个设计师创造流行、主宰流行的特殊世纪，连国家的权威报纸，都把最新的时装信息放到头版头条，由此可见此时服装设计师地位的重要性。

### 2. 设计师群体主宰流行阶段

20 世纪 60 年代，发生了反传统的年轻风暴。战后成长起来的青年人对时装界一贯的做法不满，他们要为自己设计服装来对抗传统的服装美学，他们对整个社会体制也不满，对摇滚乐歌星的崇拜取代了电影明星，留长发、穿牛仔的嬉皮士、避世派风靡欧美，朋克组成了青年的模仿对象。这一阶段登台的设计师是一大批年轻人，他们中的代表有玛丽·奎恩特、安德烈·幸耶基、皮尔·卡丹、伊夫·圣·洛朗、维维安·韦斯特伍德、乔治·阿玛尼、阿瑟丁·阿拉亚等。

而 70 年代兴起的高级成衣业也催生了一大批新的设计师，如欧洲的卡尔·拉格菲尔德及日本的三宅一生、川久保玲等东方设计师代表。受到年轻风暴冲击的高级时装设计师们，此时也加入到设计高级成衣行列。他们创造的迷你裙、喇叭裤、热裤等各种类型的装扮，引领着风靡世界的服装潮流。这个时代被称为设计师群体主宰流行的时代。

3. 大众与设计师共同创造流行阶段

20 世纪 80 年代，以 70 年代英国朋克族的黑皮夹克配牛仔裤、法国摇滚、美国嬉皮士的 T 恤配牛仔裤为基础，怀旧与回归成为服装设计的主流，对时装的载体即面料的要求越来越高。思想的开放，也促使着个性化穿着方式的萌生，人们变得越来越在意服装带来的休闲性。这些服装设计的改变形式，促成了服装款式混杂的年代。其长短、宽窄的各类服装无处不在，告别了设计师左右流行的趋势。

各国设计师的阵营不断地壮大，世界开始形成五大时装中心，巴黎、伦敦、纽约、米兰和东京。

20 世纪 90 年代，老一辈设计师相继退居二线，百年老品牌逐渐由年轻的设计师掌门，他们的灵感来自世界各个民族、各个阶层的服装，甚至街头时装、流浪汉的破衣、妖艳的妓女装等都是他们设计灵感的源泉。可以说，这个时代是设计师在和大众共同创造流行的时代。这一阶段的设计师代表有约翰·加里亚诺、亚历山大·麦克奎恩、让·保罗·戈蒂埃、汤姆·福特、马克·加克伯斯等。

## 二、服装设计的特性

任何艺术的表达，都有其规律可循，服装设计当然也不例外，究其特点，主要表现在以下几方面。

### （一）服装设计的特殊性

服装是以人作为造型的对象，作为艺术设计的门类，第二艺术语言的表达，也有着其自身的设计规律，借助物质材料为主要的表现手段表达独有的艺术形式。这种艺术的表达离不开设计师丰富的想象力和创造性思维，是设计师在设计过程中，以其独特的构想，通过某种具体或个别的形式，表达出定型的内容，它可以极为宽泛，也可以多种多样。

服装的设计造型，给人以最直观的感受是反映人体美，同时也创造着人体美。服装的造型也是抒发设计师与消费者内在的情感与审美感受的一种媒介，因此从这个角度上来说，服装设计与其他艺术形式及艺术设计并没有什么不同。

但从服装设计最本质的功能上来看，它又不同于文学、绘画形式。这种以人作为具体的设计对象，需要从服装的款式、色彩及面料的艺术处理来满足被设计对象的实际需求。设计师除在满足服装的审美和技术质量上，还应从服装的功能上创造美，以求达到审美与实用的统一与协调。

服装师视觉性与感觉性并存的一种设计，遵循着以保暖为基本要求，以审美为更高精神追求的原则，在一定的环境和时间里，具有时空性的艺术，融入进特定的时代背景与文化氛围。在对服装整体美感更高精神追求里，服装的造型固然是主要因素，但同时也不可忽视造型和着装者的形体及气质的相互协调性。只有同时满足这些特征，才能真正意义上体现出服装设计的审美价值，由此，服装设计美感的最终体现应该是由设计师和着装者共同创造而完成的。

一套优秀的设计作品，离不开穿着者自身的美感及与服装的协调上，如由一个外在形体和内在气质欠佳的人穿着，往往产生不了应有的美感；相反，一个外在形体和内在气质俱佳的人则能给一套平淡无奇的服装增添色彩。仅仅是衣服设计的美是不够的，只有经过着装者的再创造，使两者高度协调、整体统一时，才是服装设计所追求的最高境界。

服装设计师正是通过设计的美，以突出和强化人的形态特征和个性特征为主要目的，在再现了时代的文化和精神风貌的前提下，又以设计为手段表达自身的思想情感。

## （二）服装设计的简洁性

社会经济的发展，工作效率的加快，使得服装造型越来越倾向于简洁，以集中表现人们的个性特征，突出和强化人的个性审美需求。然而在我们的服装舞台和服装市场上，不少服装还是在外观上作琐碎的装饰和点缀，为了弥补设计灵感的匮乏，将一些多余的线条和色彩强加于服饰造型。这种现象的存在大致取决于两种原因：其一是少数资历不深的设计师由于对服装设计语言缺乏足够的认识和理解，往往陶醉于自我欣赏而画蛇添足；其二是无视流行取向和市场需求，去迎合一些低俗的审美情趣。我们应该意识到，当面料被剪裁成各种各样的几何形状，服装即获得了独立的生命，这其中不仅体现和代表着设计师的初衷和对美的追求，更重要的是将受到社会和消费者的认可，因为服装能够启迪人，同时也能够误导人。

在现代的服装文化中，我们的服装设计早已摒弃了17世纪象征新兴资产阶级贵族意识的巴洛克风格和18世纪代表法国宫廷艺术的洛可可风格，工业革命前的那种不厌其烦的重彩满绣、繁琐堆砌的服装已作为历史遗产封存在博物馆内。现代美学家鲁道夫·安海姆说过："在艺术领域内的节省律，则要求艺术家所使用的东西不能超过要达到一个特定目的所应该需求的东西，只有合格意义上的节省律，才能创造出审美效果"。著名服装设计师皮尔·巴尔曼在他的自传《我的年年季季》中这样写道："一件真正的高级服装，不会在作品中添加任何附加物，即使是一条不必要的线条，也要完全舍弃"。懂得舍弃便懂得艺术创造，1945年10月，巴尔曼在他的第一次时装作品发布会中，由于当时的纤维材料和配饰材料紧缺，迫使他的设计作品在简化中求高雅，轰动了当时的服装界，也奠定了他的服装先导的地位。

从美学角度来看，简就是丰富，不等于简单。简是浓缩，是升华。服装设计中的减法比加法包含了更为深刻、更为本质的美。简洁就是用较少的形式项组成多变的有序结构，事先追求丰富的艺术节省律。在这方面，很多著名服装设计师的经典作品已为我们提供了艺术参照。在简洁中求丰富，在简洁中求高雅，这是现代服装设计师的智慧所在，也是现代服装审美的内涵所在。

## （三）服装设计的材料性

一件成功的服装设计在成型过程中，必然离不开服装材料的支持，同时材料也起到一种决定性的作用，因此服装设计师对材料的认识与把握显得至关重要。一般来讲，在设计时我们可能遇到两种情况，一种是面料在先，根据现有的面料进行针对性的构思设计；另一种是设计在先，根据设计构想去选择相应的面料。但是，无论是哪一种情况，设计师对于不同面料的各项独特因素的深入理解都是至关重要的。

现代科技技术的进步、新型纺织材料的有效开发不断推动着服装设计领域向前发展，为服装设计表达不断更新做好铺垫。而这些技术的进步，也促进了服装设计与科学、艺术之间的互动，服装设计的着眼点不再仅仅局限于服装的款式结构、色彩配置等单纯的设计理念，而是向设计理念和材料性能上转变。

作为服装设计师，不仅要关注于服装直接造型因素的研究，也应注重于服装的间接造型因素的探讨。社会文化的深化，科学技术的进步，从根本上改变着服装设计的造型语言，同时也为服装设计提供了无限发展的可能性。

服装设计因其最终目的是针对人的，因此在设计上必定要符合人的形体，所以在款式的创新突破设计上将会越来越艰难。于是，设计师在进行服装设计时，更多的将精力投入到对新纤维材料的开发和拓展当中。在这种倾向的影响下，服装舞台上出现了多种造型风格和多姿多彩的服装，并相继伴随着流行传播而遍及整个服装市场之中。

1. 对现代新型材料的开发

通过对于新型纺织材料的物理性能、肌理效应及悬垂感、可塑性等因素的研究，将材料的个性特征与服装的款式结构有机的融为一体，并且在服装成型的过程中采取一些恰当的方法去解决两者之间的内在协调性和统一性。在近期的著名服装设计师的作品发布中，有关服装设计材料的开发都充分展示了高科技含量和新技术手段，他们在不断寻求各种新型材料和服装结构的有序结合，并创造出各具特色的服装造型，丰富和强化了服装的艺术表达力和审美价值。如日本著名服装设计师三宅一生开发的细褶风格面料曾引起全球服装的时尚潮流，并以独特的东方服饰理念强烈地冲击了欧美服装而独霸一方；意大利著名服装设计师瓦伦蒂诺所开发的一种称作 LUREX 的材料而倍受推崇，这种材料在诸多服装上得以展现。

2. 多种材料的综合组构

在现代服装设计中，服装的造型越来越倾向于简洁和质朴，设计师们的想象力和它们对于服装深层次的理解在面料的选择中得到了很好的发挥。在体现其服装的独特的设计语言和造型风格上，设计师们开始尝试将几种不同类别的、不同质感的材料经过创造性的思考，从中寻求到一种结合点而进行有机构和处理，使几种不同的要素统一在一套系列服装中，从而打破常规和固有的款式。如在让·路易·雪莱的服装设计中，大量运用金丝的罗莎，配以涂金的羽毛，肆意组构出既优雅高贵、又纯净平和的别致造型。在当娜特娜·维莎切的服装中，其材料的运用可以说是植物和动物材料的最新汇总，如香蕉叶、椰树纤维、海象皮、鳕鱼皮等，并善于将日常生活中最普通的材料经过各种表面处理变得华美无比，使服装的审美价值得以升华。

3. 传统材料的重新塑造

一些传统的、民间的、民族的、原始的服装材料自诞生起，被使用了很长一段时期，这种长时间的应用，足够昭显出传统服装材料的可靠性。若将这种传统材料以现代文化观念和设计理念进行再思考和再塑造，并赋予这些材料以新的面貌，可重新找到传统材料在现代服装中应有的位置。诸如古朴的怀表、旧式的烟斗和眼镜、古典的装饰品、礼帽、手杖等，他们再度拥有了一种穿越时空的深邃魅力，进而成为难以抑制的流行势头。

从这个意义上讲，我国作为一个历史悠久和多民族的国家，在各个民族的服饰文化中都有可以挖掘材料资源，寻求其中与现代设计思潮相应的因素并用于服装造型之中，使服装既具民族特色又具时代风貌。在这方面值得我们注意的问题是，作为当代的服装设计来讲，对于服装材料的选择和开拓应立足于本国的材料市场，而不能一味的盯在进口材料上。一个国家的服装文化的成熟的标志应体现在包括服装设计、服装材料、服装加工和服装市场的整体水平上，而这种整体水平又是建立在民族文化和国民经济的基础之上的。

材料本身即是服装的形象，单纯的将现有材料加工制作在服装设计的体现中远远不够。现代服装设计已经开始更多地注重于开拓新材料的性能和特色，以此来显现服装设计的风格。设计师在对于新材料的选择和运用的过程中，应以最新颖、最独特的思考方法，对材料进行多种艺术处理和再塑造。从这个角度来讲，设计师对于新材料的理解和驾驭能力已成为现代服装设计的重要标志了。这种理解和驾驭能力，主要体现在设计师对各种材料的特性和局限性进行整体和全面的把握。除了熟练运用服装设计的创作思维和独特语言之外，更应注重挖掘每一种材料的独特表现力，力求使每一种材料的表达力都发挥到极致，充分地将材料美完美的表达出来。同时从材料自身的特性中求得服装的艺术效果，要求设计师着力于研究材料对人所产生的生理效应和心理效应，研究主体材料与配饰材料之间的有序组合以及材料与工艺之间的有机统一关系。由此可见，巧妙的、科学的、有创意的开拓服装材料的特性和潜力，是现代服装设计的有力手段，也是现代服装设计又一新的飞跃。

### （四）服装设计的实用及审美性

服装设计的本质功能在人们基本需求和精神需求上，分别表征着服装的使用性和审美性。服装设计的实用性和审美性有着双层含义。狭义上可以具体到某一件服装实用性和审美性；广义上则是服装在整体文化发展中的实用性和审美性。

不同造型的服装，其实用性和审美性的侧重面也有差别。例如在日常生活中，通常以服装的实用性为主导地位，而在一些特定场合，服装的审美性则高于实用性。

在我国古代宫廷服装中，制作上较为繁琐隆重，通常会运用大量的传统工艺技巧来丰富其审美特征，如运用各种刺绣、镶边、褶裥、滚边等。服装就如同一块画布，任其发挥想象加以描绘。又好像在木制器皿上涂漆并绘制大量花纹，漆与木纹并不是一种东西，它们相互叠加，体现的是一种外在的渲染和装潢，服装成为权利和尊严的象征。而现代服装其实用性和审美性是融为一体的，力求在其功能的有序中体现美的实用性。设计实践证明，完全有用的东西才真正存在着美，只有顺应使用规律才有可能体现其美感。服装设计不仅仅是要解决外观的悦目，更重要的是能使服装符合人的全面要求。由此可见，服装设计的秩序与审美密切相关，在现代服装设计中，将更重视其结构的秩序。

服装设计的整体发展中，实用性与审美性缺一不可。如在满足人们日常生活需要的服装市场中所出售的大部分服装属于实用性服装，这种以满足人们的物质需求为主要目的方式，是服装发展的基础和根本。而审美性服装则是推动服装的流行、弘扬及传播，引导市场消费的主要导向。

在不同的国家和地区，因其不同的物质需求和经济基础，服装设计在服装的实用性和审美性上有不同程度的体现。这就要求设计者应善于根据服装的使用场所、用途等方面的使用范围准确地把握设计的实用和审美的尺度。

## （五）服装设计的综合性

服装设计在表达人体美的前提下，必定会要通过对人体的测量、制版、裁剪、缝制及各个环节的有机结合来实现，并不是仅有设计师的设计就能够完成的。如一套高档的服装设计，其中面料选择的适型性、量体尺寸的准确性、样板制定的科学性、工艺制作的合理性、服饰配件的协调性等，都会影响服装的整体艺术效果。因此，在服装设计的成型过程中，各个工序之间关系应该是一种环环相扣、相辅相成的。

在实际的设计实践中，服装设计艺术格调的高低，多是取决于设计师在掌握一种设计艺术的基础上，如何把握服装设计和服装成型过程中各个工序的分寸感及如何掌握整体造型与各个工序之间的"度"上。这种各个工序之间的相互衔接和相互配合，决定了服装设计是一门综合性极强的艺术设计门类，服装设计师和工艺师之间应保持一种密切的合作，以求得设计与工艺的和谐统一。

正因为服装设计是一项综合性的、时效性的学科，所以需要设计师具备综合性知识结构、较强的合作和协调能力。要使自己的作品产生良好的市场效应，离不开通达的社会渠道和相关网络，如设计的信息、材料的来源、工艺的改良、作品的宣传、市场的促销等，都需要有关方面的默契协作和有序组合。这些组合型的要求，表明设计师的综合素质能力是提高现代服装设计水准的重要因素。

在设计师与工艺制作师的密切合作关系中，西方一些高级时装设计店传承的方式充分昭显着默契配合的重要作用。在西方的一些高级时装设计店中，每一位著名的设计师后面都会有一批相对固定并与之配合默契的制板师和工艺制作师，他们在与设计师多年的密切合作中，每每能够准确无误地理解和把握设计师的设计意图，从而充分而完美的体现出设计的最佳艺术效果。这正是一名服装设计师取得成功而立于不败之地的很重要因素之一。当然作为设计师本身，首先应该考虑的是服装的艺术性及其表现力，其次才是服装的成型，很好地制作一套衣服并不等于成功地设计一套服装。

# 第三节　服装设计的原则与方法

服装设计的整体美感的产生与形成，无论其造型要素的多变、多面性等，都离不开服装构成的形式原则。与其他造型艺术一样，在使多种造型因素形成统一和谐的整体的基础上，势必要处理好服装造型美与服装设计基本要素之间的相互关系，并借助形式美的基本规律及原则，体现服装的款式构成、服装色彩的科学配置及服装材料的合理应用。

除一些基础性的规律有迹可循并可以借鉴之外，服装设计的原则与方法还应因人而异。掌握这些原则、方法及一些基本的构思途径，可以让设计师更好地进入到专业设计的工作中，为今后的高层次设计打下坚实的理论基础。

## 一、服装设计的基本原则

服装设计在艺术性与实用性的融合上是具有高度统一性的，其设计也要遵循一定的原则，具体如下。

### （一）对称原则

造型艺术的最基本的构成形式，通常离不开对对称的把握。对称的造型形式，从古至今在多样的艺术类型中影响广泛，如古代建筑、文字、诗词、器皿及图案等。

对称具有严肃、稳定、大方、理性等特征，从构成的角度来看，对称是图形或物体的对称轴两侧或中心点的四周在形状、大小和排列组合上具有对应的关系，在对称的构成形式当中，一般常用的有左右对称、局部对称和回转对称等。

1. 左右对称

服装左右对称的最基本的形态，是依据人体体形左右对称的构成形式而来的。从视觉上来说，左右对称有时会显得呆板，但由于人体是每时每刻都处于运动状态的，在视觉的拉伸下，自然会弥补这种呆板的感觉。

2. 局部对称

服装在符合人体体形左右对称的大的构成形式下，还需要满足部分小的结构的对称，即局部对称。这种形式的运用，其位置是要精心考虑的，一般是在肩部、胸部、腰部、袖子或利用服饰配件来完成的。

3. 回转对称

在服装设计中，有时为了能使服装在视觉上突破呆板的构成格局并在平稳当中求得一定的变化，可将图形对称轴某侧的形态反方向排列组合，这种构成方式被称为回转对称。在服装的构成中，这种回转对称的形式一般是利用服装的结构处理、面料图案或装饰点缀等来实现的。

## （二）比例原则

在指整体与局部、局部与局部之间，通过面积、长度、轻重等的质与量的差别所产生的平衡关系即为比例关系，当这种关系处于平衡状态时，即会产生美的视觉感受。对于服装设计来讲，其比例关系主要体现以下几个方面。

1. 服装色彩的比例

色彩在视觉感官中影响很大，有时一个色彩的变化甚至会使人在视觉上产生质量、大小等的差异，因此设计服装在色彩的运用中，要充分考虑其整体色彩与局部色彩和局部色彩与局部色彩之间，在位置、面积、排列、组合等方面的比例关系及服装色彩与服饰配件的色彩之间的比例关系等。

2. 服装造型与人体的比例

服装造型与人体所形成的比例关系时，最直观的是整体造型感觉。如上衣与裤子、衣服与身体比例、衣服与身体胖瘦等的比例关系，多数是通过对造型设计与科学的剪裁和缝制工艺的合理性来完成的。准确的把握好服装设计和服装工艺中的比例关系，可以充分显示穿着的艺术效果。

3. 服饰配件与人体的比例

除了服装要与人体保持一定的比例关系外，服饰配件作为服装功能性或审美性的因素，其比例也不可忽视。如帽子、手饰、包、鞋子等的结构、大小及与人体比例关系，都要达到适度的要求。

### （三）均衡原则

均衡形式比较其他对称方式显得丰富多变，在服装设计中，均衡是指体形中轴线两侧或中心点和四周形态的大小、虚实、疏密等虽不能重合，但通过变换位置、改变面积、调整空间等能够取得整体视觉上量平衡的原则。在服装造型的构成中，均衡原则的形式通常通以下因素来体现。

1. 口袋

口袋作为服装功能性构成要素，其位置一般处于对称状态，但通过对其位置大小的转换或故意采取不对称的形式，又能够调节服装造型的气氛，使之活跃，在视觉上也能产生均衡的艺术效果。

2. 门襟和纽扣

门襟和纽扣之间是不可分割的同一类要素，两者中其中之一的位置一旦发生改变，另一项也就随之改变。这种改变的方式，在服装设计中常常被用作于服装的多种造型的变化。另外，两者在服装造型中通常处于比较醒目的位置，它们的变化协调，也可以产生均衡的视觉效果。

3. 装饰手段

不同面料的图案、花纹及不同质地的面料装饰是服装装饰的主要手段，其一般表现方法是利用挑、补、绣以及镶嵌、拼接等装饰工艺手段来进行。这种表现手段，在某些服装的构成中，依据造型的风格要求，将其装饰在服装的适当部位，再配以一些装配件，从而达到整体造型上的均衡视觉效果。

在服装的造型中，利用衣服上下、左右、前后及一些具体结构中色彩的相互配置和搭配，利用服装主体色彩、配件色彩的呼应和穿插等，可以利用这些色彩的处理来达到均衡的效果，丰富和增强服装造型的艺术审美价值。

### （四）对比原则

对比是将两种不同的事物对置时形成的一种直观效果。为突出和强化其设计的审美特征，使艺术效果也更加醒目和强烈，通常运用这种对比关系。对于服装的造型来讲，其对比的运用主要表现为以下几个方面。

1. 面料对比

服装面料的肌理极为丰富，设计中运用其对比关系，如粗狂与细腻、挺括与柔软、沉稳与飘逸、平展与褶皱等，使服装的造型能够体现不同个性的审美感受。

## 2. 色彩对比

在服装的色彩配置中，利用色相、明度、纯度和色彩的形态、位置、空间处理形成有序的对比关系。在色彩的处理时需要注意对比双方色彩面积的比例关系，色彩面积的大与小，色彩量的多与少的处理，能够影响任何一组对比色彩的对比程度。同样是两种对比色，当对比方的面积比例是 1：1 时，其对比的效果最为强烈，但当对比面积的比例是 10：1 时，其对比的效果就会减弱许多。此外，在色彩的纯度和明度上也要有所考虑，一般是在相对比的两种色相中，大面积的色彩其纯度和明度应低一些，而小面积的色彩其纯度和明度可高一些。这种对比关系具体在设计上，其小面积高纯度、明度的色彩可以出现在服装的局部结构上，如衣领、袖口和口袋上等；也可以出现在配件上，如首饰、围巾、帽子、手套和挎包等。

## 3. 款式对比

在服装的整体结构中，款式的长短、松紧、曲直及动与静、凹凸的设计，构成多种新颖别致的视觉效果。

### （五）视错原则

现实生活中我们常常有这样的体验，无数条密集排列的线形成了面，横格使之宽阔，竖条使之狭长，胖人显得矮，瘦人显得高等等，这些都是我们视觉中的错觉现象，一般简称为视错。在服装设计中，利用其视错来进行结构的线条处理，能够强化服装造型的风格和特色。在服装结构的处理中，我们经常采用的有以下五种形式。

### 1. 横线分割

横线分割常常运用在男性的服装造型中，多出现在衣服的肩部、胸部或腰部等结构上，由于横线能将人的视线向横向延伸，因此，其着装效果会产生宽阔、健壮的感觉。

### 2. 竖线分割

竖线分割一般运用在女性的礼服和连衣裙设计中，多出现在衣服的中缝线、公主线或衣褶等结构上。由于竖线能将人的视线向纵向延伸，因此，其穿着效果会产生挺拔修长的感觉。

### 3. 斜线分割

与竖线和横线分割相比，斜线分割显得更加活泼和别致，运用的范围也更加宽泛。

### 4. 自由分割

自由分割所呈现的视觉效果是最为潇洒和自如的，但要善于体会其中的分寸感，力求做到恰当和适度，运用得好能够使服装造型富于浪漫色彩和超前意识。

### 5. 横竖线分割

在一些中性化的服装造型的结构中，也经常综合运用横竖线的分割，其效果比单纯的横线和竖线分割更为丰富一些。

## （六）调和原则

调和一般是指事物中存在的集中构成要素之间在质和量上均保持一种秩序上的关系。而在服装设计中，调和则主要是指各个构成要素之间的秩序感在形态上的统一和排列组合上。服装是立体的形态，其美感体现在各个角度和各个层面，服装的结构如果缺乏一定的秩序感和统一感，就会影响应有的审美价值。服装造型中的调和运用常常是通过以下几个方面来体现的。

### 1. 整体结构分割

在服饰的整体结构上，款式的前后结构的分割中有类似的形态或处理手法出现，在整体视觉上要形成统一的感觉。如前身腰节处是断开的，后身腰节处也需断开；前身结构有省道，后身也应有省道出现。

### 2. 局部结构处理

在服装的局部结构上，衣领、口袋、袖子等为了达到协调的效果，一般用类似的形态和方法进行统一处理，但这种统一又会使服装整体造型显得单调，于是局部结构的处理显得至关重要，如对其大小、疏密及空间的相互关系进行把握，可以使之调和又富于变化。

### 3. 工艺手段和装饰手法

在选择面料、辅料的图案装饰风格和肌理效应上，可对服装工艺手段和装饰手法达到一定的统一性。这种有序的、统一的手法在服装工艺的缝制和装饰风格上，能够达到整体协调的视觉效果。

## （七）系列服装设计的规律原则

为使服装在人们的视觉感受和心理感应上形成强有力的震撼力，系列服装这种集体式设计的效果是单套服装无法比拟的。它是指将造型相关联的服装以成组的方式进行归纳的服装设计。在系列服装中，可以是两套服装组成的系列，也可以是 20 套以上组成的特大系列，但一般来说，系列服装多是由 3–10 套之间组成。

1. 运用造型要素的系列设计

在服装的造型上，基于一件服装的基本造型上，对于款式、色彩、面料三种要素进行多种形式、多种角度的艺术处理，使其形成了多种的系列服装设计。

（1）面料要素

面料是制作服装的物质基础。面料作为服装的载体，其所具有的色彩和质感是服装设计的一部分，其次，面料具有的内在性能，如透气性、伸缩性和悬垂性等都影响着服装的实用功能。

面料的质地在触觉与视觉上给人以两方面的感受，如质地轻薄柔软或厚重粗糙等。这些感受的混合体，彼此很难截然区分，但从总体上来说，它反映了面料的厚度、重量、组织结构和纤维成分等属性。面料的质地又赋予了其个性和季节感，如质地轻薄的面料让人感觉温柔而富有亲和力、带有夏日的凉爽气息；质地厚重粗糙的面料则让人感觉严肃冷峻等。在服装面料质地的选用上，通常较为倚重轻薄柔软。

面料的色彩不等同于服装的色彩，是面料的固有属性之一。当整件服装有同一种面料制成时，服装的色彩又等同于面料的色彩。当服装是由两种以上的面料缝制而成时，面料的色彩是作为服装色彩的组成部分存在的。除面料本身的色彩以外，图案也为面料增添了装饰性元素。现代图案一般由印染、手绘、丝网印刷和扎蜡染等手段对面料进行加工而成，这会使面料表面呈现出平面的花纹。如按照一定的组织结构，将不同的颜色、不同粗细或不同形状的纱线纺织或编织成面料时，又会呈现出凹凸有致的立体花纹。根据不同的后加工整理手段，如刺绣、割绒、烂花等对面料进行处理，能让面料呈现或平整或起伏的花样。面料的图案不仅是可视的，有时还可以是可触摸的，这些因素都极大地丰富了面料的外观效果。

（2）色彩要素

色彩是营造服装整体美感的具体内容之一。人们对物体的视知觉是从色彩开始的。当我们从远处注视一件衣服的时候，首先感知到的就是色彩，从这个角度出发，色彩是服装带给我们的第一视觉冲击力。对色彩的喜好，往往决定顾客选取衣服时的扭头走开或是被色彩吸引而驻足。对于服装设计师来说，把握好服装的色彩非常关键，需要考虑到三个层面。第一是面料本身的色彩美感；第二是不同的搭配组合产生色彩美感；第三是服装与人以及外界因素相协调而产生的色彩美感。

色彩还具有一定的联想性，是某种事物最能带给人美感的物质属性之一。我们从出生张开眼睛的那一刻起，色彩就与周围的世界一起被我们感知。如金黄色会让人联想起太阳，蓝色会让人联想到天空与海洋等，与我们生活中的失误保持着不可分割的联系。这种紧密关联或让我们在色彩与事物之间构成联想。不同的人生经历、生活和工作背景都会让我们对色彩形成不同的联想，从而导致我们产生对色彩的喜恶。

在对色彩的研究上，人们对不同色彩也有不同的心理反应。如红色会让人心跳加速、大脑兴奋，蓝色则能稳定人的情绪。这些因色彩而产生的生理和心理反应赋予了色彩的表情性。如冷暖、轻重、庄重活泼、明快沉静等。

对于色彩的本能反应和联想构成了我们对色彩的体验。当这种体验表现为大多数人的共性体验时，色彩和那些被联想起来的事物之间就具有了某种稳定的关联。特定的文化会让这种关联不断强化，从而形成色彩的象征意义。比如在我国古代，金黄色通常象征帝王的威严。不同的生活方式造就了不同的文化，因为存在宗教信仰、文化习俗等方面的差异，生活在不同文化背景下的人们对色彩的理解和体验各不相同，从而造成了同样的色彩在不同地区具有不同象征意味的现象。比如我们一直象征喜庆吉祥的红色，在日本古代则象征着不洁和邪恶。随着全球一体化的进程加速，现代生湖中文化交融的趋势日益明显，色彩象征意义上的差异和传统色彩禁忌都在人们的意识中慢慢淡化，色彩的象征意义有趋于一致的倾向。尤其对于设计师来说，了解为大家所公认的色彩含义以及不同文化背景下色彩含义的差异，不仅是非常有趣的事情，而且对工作具有重要的参考价值。

2. 多种艺术风格的系列设计

为充分显示设计师们自身的个性风格和追求多种艺术感觉，在一些流行趋势发布会中，设计师常常会推出一些具有轰动效应的系列服装设计。这些系列服装的设计常常带有一定的主体性和浓郁的文化气息，带有的艺术感召力常常给人以一种艺术享受。如圣·洛朗的"中国文化系列"服装设计，帕荷·拉邦纳的"古堡建筑系列"服装设计，范思哲的"彩条系列"服装设计等。

3. 利用装饰手法的系列设计

装饰是丰富系列服装造型和语言的表现手法，装饰手段与服装的有机结合，是系列服装设计的一个不可忽视的设计要素。

（1）服饰配件要素

在一组造型相对统一的系列服装中，可利用不同的配件求得变化，也可利用相同的配件来统构整体，这种服饰配件的选取可以起到协调和整合系列服装的效果。

（2）装饰工艺要素

在装饰工艺中，可以利用服饰装饰工艺来突出服装的某些重点部位，如头部、肩部、胸部、背部及腰部等大范围或常使人关注的部位上。这种装饰工艺为挑花、抽纱、拼贴、补花、滚边、镶嵌等在对服装的装饰造型上有直接关系的装饰工艺，这种极为精致细腻的工艺在运用到服装上后，往往能起到对审美的提升与引人注目的作用。但即使作为一种装饰手段，也要注重其与服装整体造型特征、功能的统一协调性，否则就会失去服装造型与装饰工艺之间的内在联系，使系列服装的整体感随之减弱，装饰工艺的存在也会显得没有意义。

## 二、系列设计的原则

除了服装设计的基本原则外，系列服装也有其独立的设计原则。其主要目的是为如何取得最佳的设计期望值，这种期望值涉及系列服装的群体关联个体变异所具有的统一与变化的美感。在我们评判某一系列设计是否统一感过强或变化过大时，这条原则则能给出一条可遵循的准则。

在系列服装设计中，由于每一个款式的形式都是最初的或是最基本形式的变体，都在一定程度上保留着基本形式的影子，所以虽然有一连串的变化，他们之间却保持着紧密的联系，我们称其为系列感。其原因主要是某一时装的主要形式的一系列变化，是在每个款式中都能识别出原来的基本形式，再由这种特殊的变换形式为基本的发展。

作为母体的基本形式，它需要满足简单而又规则的形式。这种形式可以使一种规则的几何图形，也可以仅仅是一条具有明确方向的规则的线，或者是某种色彩的点等。凡是简单规则的形式，都会引起一种矛盾的心理反应，既想保留它存在的合理、舒服与自在性，又想改变它的单调、规则与刺激性。由它产生的一系列的变化或变形，实质上又是矛盾双方的对立统一。

系列时装的每个款式都是母体的变形，都具有比母体更强的生命力和朝气。因此从总体上看，母体的简化型和规则性是造就系列服装一连串的紧凑、连贯与系列的根本原因。一旦母体的基本形式不够简单化，系列服装在变形中就容易脱离一个基本的形式，也就脱离与母体之间的关系，成为一个独立的单位，互相之间毫无关联，也就无法称之为一个系列。

系列服装设计的基本原则及设计特征，可以得出评价系列服装优劣的标准，即系列群体是否完整，个体变化是否丰富，异变介入是否适当等。掌握了这些标准，并能灵活理解和运用，就能设计出优秀的系列服装。

## （一）服装设计思维方式

服装设计的思维方式不同于纯艺术的构思方式，因为服装是艺术与科技相结合的产物，因此在服装设计中，仅仅运用形象思维是不足以满足服装设计的合理性与艺术性的。在一些好的服装设计作品中，往往更多的是运用立体思维的形式。由此也可以说立体思维已成为现代服装设计的重要思维方式。立体思维方式不拘泥于一个方向或一个模式，而是向四面八方进行拓展，以突破原有的框架和限制，从一种全方位、全新的视角来思考问题。其主要的思维活动方式是从上下、左右、前后等多种不同的角度和空间去思考问题。在立体思维形式的细分上，又分为多向思维与侧向思维、横向思维与纵向思维及正向思维与反向思维等。

### 1. 多向思维与侧向思维

为使服装与服装之间、服装与其他造型艺术之间形成关联的统一，加以全面分析和综合研究，从而获得某些新的突破点和新的思维方法，依据事物与事物之间的相互联系、多样性的规律，这就是我们所说的多项思维和侧向思维。我们在这两种思维上，一般习惯根据已有的经验在一定的内在环境、空间及范围内去分析、推理和思考问题。这种方式常常带有局限性，要改变这种局限性，就要从人们不熟悉的角度去观察、揭示客观现象，引发出某种新的设计灵感和设计构想，同时需要我们有意识地去移动视点、置换视线、扩充氛围、突破传统的时空观念。

这两种思维的不同点在于多项思维侧重于事物自身领域内的研究，将各种不同类型、不同风格的产品造型进行比较和研究，从中找出共同点和不同点及产品的优势和劣势等，再根据这些探讨进而研究出其可变性和发展潜力，并选择适当的构成法则进行重新设计。运用多项思维方式还可以突破原有产品造型及功能的界限，及时地发现问题并通过多种有效的途径解决问题，以取得更为理想与完美的效果。而侧向思维则是通过本领域与其他领域之间的相互交叉和渗透，通过丰富的想象和联想从其他领域内获得本领域所需要的某些启示。这种思维方式的运用，可以起到很好的借鉴作用，以解决本领域内某些难以解决的问题，用于服装设计，常常可以获得意想不到的良好结果。

2. 横向思维与纵向思维

与多向思维与侧向思维不同，横向思维与纵向思维属于比较性思维，即是从事物的横向和纵向两个不同的角度进行思维运作的形式。

横向思维形式在服装设计中得到较为广泛的运用，其主要原因是横向思维是截取事物发展中的某一横断面进行分析比较，再经分析研究其共性特征，把握新的个性特征。通过比较和分析，可以了解同一时期统一类型服装的发展状况和彼此之间的差异性，通过取长补短的方式，充实设计的主题构思；还可以通过综合性的分析及研究，借鉴和吸收参考案例的精华，避免设计中的缺漏。横向思维的这种综合性的研究和探索，既可以得到新的启示、拓宽和强化设计之路，又可以借鉴和吸收新的元素、规避设计时的缺漏，结合这两种结论，更有利于设计出具有现代意识和时尚感的作品。

服装设计讲求其前瞻性和超前性，而纵向思维恰好是侧重于事物发展中的某些历史阶段加以比较的思维方式，这种以了解发展历史、分析现状、预测未来的思维方式，在时装设计过程中就显得尤为重要。在对不同历史时期的服装文化发展的前后比较和客观评价中，不断寻求设计的继承性和延展性以选择和解释最新最合理的设计构思及设计效果则更需要借助于纵向思维形式。

3. 正向思维与反向思维

如果说多向思维与侧向思维、横向思维与纵向思维之间都存在某些联系的话，那么正向思维与反向思维则是事物的两个方面，而这两个方面之间又相互转化、相互依存。

在思维模式上，人们一般习惯于正向思维，因此在某些情况下运用反向思维反而可以起到独特的造型效果，使人眼前一亮，特别是在开发某项产品设计的运用上。

但从思维方式上来讲，反向思维有其突破常理的独创性，而正向思维是依照一般的常理去分析和研究问题。因为反向思维的反常理性，设计师在运用这项思维时没有现成的逻辑和规律可循，这就表示设计师需要标新立异，另辟蹊径。

### （二）服装设计训练方法

服装设计需要运用某些科学有效的方法在具体的实施设计方案中，使设计构想能够更加有层次地展开和逐步深入。一般来讲，服装设计的训练方法是建立在设计师运用形象思维和主体性思维和对服装整体造型全方位的思考和主体性思维基础之上，并对服装整体造型全方位的思考与酝酿过程之中，同时也是建立在服装的设计定位、信息把握和市场调研等因素之上的训练方法。服装设计训练方法是服装设计的关键，是决定设计成功与否的主体要素。在服装设计的过程中，我们常常运用下列训练方法。

#### 1. 主题构思法

以森林、草原、旷野、建筑、废墟或海洋等作为某种具象的设计主题，根据这些景观带给人最直观的感觉来构思服装的设计造型与类别，同时使服装造型的整体或某些因素如款式的特征、面料的肌理、色彩的配置或图案的处理等再现主题。

#### 2. 素材构思法

以某一历史时期的服饰文化或某一民族、民间的服饰文化为基本素材，借鉴和吸收其中的某些因素，与现代设计观念和服装造型相结合，进行综合性的设计构思。

#### 3. 意境构思法

以钢琴、抒情诗、风景画、芭蕾舞或影视剧中的某一项作为抽象事物来设计主题，在运用过程中，要把握其瞬间感受，用抽象思维方式获取理解，再加以某种服装造型来体现其美的内涵和意境，以此营造出一种强烈的艺术氛围，生出审美境界。

#### 4. 印象构思法

以华丽、高贵、雍容、端庄、自然、潇洒、活泼、明快等印象为出发点，凭借对这些事物的印象为启示进行构思设计，加以相应的服装造型风格力求体现两者中内在神韵的相通。

#### 5. 局部改进法

这种方法一般运用于男装和实用性服装设计上，使用本方法设计服装的重点是在基本上不改变服装的整板外形的前提下，对相应的局部结构进行改造处理。改造的过程中要注意在局部结构改造的同时，对与此相关的外形也需要作适当的微调，才能使服装的整体结构呈现出更趋于统一和完善。改进部位一般选择领部、肩部、腰部、门襟和口袋等。

6. 同形异构法

同形异构法也被称为服装结构中篮球、足球和排球式处理，其原理是利用一种服装的板形，进行多种的内部线条分割。该方法可以使线条处理合理而有序，与板形构成形成一种协调的关系，但运用过程中需要充分地把握服装款式的结构特征。

7. 以点带面法

从服装的某一个"点"着手，从而把握服装的整体造型的方法我们称之为以点带面法。其原理是以服装中某一个理想的部分，逐渐过渡到服装的其他部位中，使服装中的其他部位都适应该部位的特色和感觉。

8. 自由联想法

以联想、转换、重组、物化等艺术手法进行服装设计，是自由联想法的主要思路。宇宙间众多的物象景观也无时无刻的在为其提供设计灵感，要如何做到对这些物象的充分把握与改造运用，使之融入进服装设计当中，需要设计师丰富的想象力和创造性思维。

由上述这些以及本文未提及或尚未被发现的服装设计训练方法，促成了服装设计训练方法的多角度性和多层次性，它们之间相互交叉、相互综合，是宏观到微观的系统设计工程，又涵盖了艺术设计的多种造型因素。

服装设计应注重服装设计各个要素之间的相互关联、相互衔接，形成相辅相成的整体性，一种有规律的、有序的服装整体观念。而这种服装整体观念，又需要设计师在服装设计过程中以人们的实用性为本，以服装的性能特征为依据。

在没有最终确定设计方案前，随时有可能改变和调整已有的设计构想，这是因为在服装设计的构思阶段，不变因素是相对的，可变因素是绝对的。一个好的设计方案，多是在确定方案前通过反复思考、反复认识、反复推敲，以取得最完善、最合理的设计方案。

# 第四节　中西服装设计文化比较

从封建社会体制开始形成以后，中西服装逐步走向各具民族特色的服饰造型的道路。中国服饰在整个封建历史发展过程中，保持着较为稳定的连贯性，服饰造型的更替一般只发生在朝代的更替上。而西方服装较之中国服装则显得更为丰富多样，其服饰造型十分注重表现人的体态。同时，地域性的差异也导致自然环境、社会文化等的差异，使服装在面料、形制及裁剪等上的不同。

## 一、东西方服饰形制比较

中国受儒家"中庸"思想和道教"禁欲律行"等哲学思想的影响，在服饰着装上一直讲究体统、体面，在形式上则表现为端庄、含蓄、严谨。服装造型上动感较弱，多以宽松、平面的方式层层包裹，衣领紧扣，长裙曳地，不过多地袒露肌肤，线条温婉柔和，体现出舒适、自然、和谐美。服饰多注重服装本身层面上的装饰、美化，以刺、绣、镶、滚和拼接等工艺增添服饰的美感。在上流社会及文士名流中服饰装饰的华丽、繁复、精致尤为广泛，并且随着物质资源的提升使这种趋势发展的尤为明显，直至清代时期，更是诞生了以"十八镶""十八滚"这样无休止地追求堆砌、繁缛的表现。受这些对服装着装的追求的影响，中国自古以来就被赞为"礼仪之邦""衣冠王国"的美誉。

与中国服装不同，西方人的服饰则十分注重表现人的体态，认为服装是用来装饰、美化人体的。从古罗马时代起，人们就利用自然的悬垂褶皱，来表现出体的自然形体，再到哥特时期的适应人体"S"形曲线、文艺复兴后出现的挺胸、卡腰和极致体现人体"S"形曲线的立体造型服装蓬松型裙身的诞生，都标志着西方服饰的着装心理是讲求体形装饰美。西方服装除追求人体美和曲线美外，同时也讲究服饰的比例，保持服装与人体均匀、平和和立体感的整体意识。这种装束风格是他们文化精神外化的表现，显示出西方观念中对人性和个性的尊重及对人的形体的敬畏，与东方注重礼仪和人伦的观点有着明显的差异。

## 二、中西方服装面料与纺织的差异比较

受地理环境的影响，中西方的服装面料的可选择性与选取上都有明显的差异。中国自然地理环境较为湿润、温暖，气候适合丝、棉、麻等的生产，同时这些面料的特性有着绝佳的吸湿和透气性。中国对服装的高度要求，也促进着编织技艺的高度发展，单以丝麻为例，在长沙马王堆出土的"素纱禅衣"就能体现出高超的编织丝麻的技艺，该禅衣长 128 厘米、袖长 19 厘米，而整件纱衣的重量仅为 49 克。除丝麻外，中国生产的丝绸作

为服装的主要面料之一，影响也甚为深远，在材质上不仅柔顺爽滑，而且细腻牢固、不易断裂，独具东方韵味。

西方的地理气候环境相对比较寒冷，这种气候促使了畜牧业的繁盛，因此使用羊毛等动物毛发和裘皮作为服饰材料成为主流。这些面料的主要特点是柔软、保暖与舒适。同时也顺应了气候条件。

欧洲工业革命后，中西方的服装面料开始呈现出大的变化。西方纺织业突飞猛进，由棉花等农业作物的面料也得到广泛的运用。技术的革新、大机器的使用及许多科学的发明创造，使得其在纺织与编织技术上远远领先于中国。而中国的纺织与编织工艺，在没有科技的支持下，为满足日益增长的面料物质需求，逐渐丢失面料编织的高超的技艺。由此我们应当发扬古人的聪明智慧和传统文化，结合以现代技术应用，使我国面料编织走向另一个顶峰，同时理性地认识传统的和现代的价值和意义，使传统工艺中的精华融入到现代科技当中，突破百年来我国纺织业的低落状态。

## 三、中西方服装裁剪技术的比较

中西方服装的造型差异主要体现在衣宽文化和衣窄文化中。平面式裁剪是中国服装的主要特征，而西方则更注重服装的立体式裁剪。通过这两种裁剪技术，就可以比较出中西方服装平面与立体的差异。

省道是服装裁剪技术中一个创造性的发明，它起源于13世纪日耳曼民族，由于生活在较为寒冷的地区，需要服装的合体性，省道成了很好的实现方式。同时省道可以使得服装穿着更为合体，更好地体现出人体的曲线美。中国的服装平面效果突出，如肩、袖、腋下等许多多余的部分没有被去掉，整体效果缺乏立体感，而西方服饰在收件、腰、腋下或胸前等，都很好的把握了省道的运用，且袖与身的分离，结合科学的裁剪方法，使得服装各个部位的连接更为合理。袖贴近人体的肩膀，使整体服装紧贴人体，形成立体的氛围。现代服装设计中的机构就是以西方工艺结构为基础的。

在裁剪技术交融中，东西方的裁剪技术交融主要体现在20世纪20-30年代中国旗袍对西方省道运用的设计及经过改良之后形成的中式服装——中山装等。西方也吸取了中式服装的立领和盘扣技术。这种立领裁剪贴切、制作精细，对女性的脸型和颈间的搭配方面起到独特功效，很受西方女性的钟爱，盘扣的形态各异，更是令西方人眼花缭乱。西方的现代休闲服装的裁剪，也用到了中式的平面裁剪方法，由此可见，东西方结构设计的融合，在推进着现代服装的发展。

由上述结论我们可以得出，西方服装更强调个性和立体，理性化地对待人体美，注重科学研究性。而东方则相反，深受儒、道两家深厚的哲学思想影响，更为注重封闭个性，弱化人体形态，掩盖人的第二特征。这种差异导致的原因还与东西方民族文化的差异有关，无论是从社会文化、文学艺术、民族个性、哲学思想上还是从音乐、舞蹈、建筑绘画及民族个性上。中西方的服装差异，也渐渐随着时代背景的文化交融而日益缩短。

## 四、中西服饰设计师背景比较

中国服装在一直保持着高度的稳定。几千年来，服装的样式虽然一直在变化，但基本形状仍然维持了布匹平面展开的基本面貌。样式的重点更多体现在面料的纺织方式、图案和色彩变化上。即对在面料的织染方面。由于中国人把服装视为划分政治等级的手段之一，严格限定不同等级的服装面料、色彩、图案和穿戴方式，因此穿什么衣服往往是早已被决定的事情，而非随心所欲的乐趣。

西方的传统服装则不同，相对来说较为立体一些。如西方的衣服摆放在桌面上无法平整。相对于面料，西方人对形状变化的兴趣更浓厚。从这个角度来看，我们可以把西方服装史理解成为由各个时期不同形状的服装组成的历史。对于西方的裁缝来说，服装构造的变化成为其工作的重要内容。

# 第五节　服装设计理念的建立

现代社会中，设计理念一词的使用非常广泛。所谓设计理念通常是指一种观念或思想，是一个精神和意识层面上的哲学概念。服装设计具有很强的时代性、社会性、物质性、时尚性和艺术性，在设计时，一般要将面料、色彩、款式这三大构成要素贯穿于整个服装设计理念的过程之中。

## 一、服装设计的含义

"设计"一词的英语词汇为"design"。这一词汇在 20 世纪初，其涵义范围非常广泛，建筑艺术设计、环境艺术设计、舞美设计、包装设计、工业造型设计都属于艺术设计的范畴。由于类别不同，其设计内容和形式也都不同。

从材料选择到制作过程就是我们所说的设计，其在广义上还包含了作品完成和使用前的根据预先的考虑而进行的表达意图的行为。而现代设计更是包含了艺术作品的设想。运筹、计划和预算等人们为实现某种特定目的而进行的创造性活动。

## （一）服装设计的定义

运用恰当的设计语言，完成整个着装状态的创造性行为，是以人为对象的时装设计的意义。服装设计是功能、素材及技法三者的统一体。其功能是以人的需求决定，素材是以功能决定，技法是由素材决定，三者之间相辅相成。

## （二）现代服装设计定义

时代性、适用性、经济性、科学性、艺术性、流行性等等因素的有机结合是现代服装设计对人体着装状态的一种设计。它包括服装款式设计、结构设计、色彩设计、服饰图案设计、配件设计以及服饰有关的辅助设计。这种最终以表达人体美和追求设计美的艺术，以人的穿着为最终目的。所以在素材的选择上，要运用某种表达技法来综合协调服装与具体穿着者和观察者，艺术化地实现出体现的设想与实用价值。

## （三）服装设计的目的类型

### 1. 为个人设计

为个人设计着装主要根据穿着者的生理条件、性格爱好、穿着目的和穿着场合的需要进行构思，并以满足穿着者的生理和心理需要为目标。

### 2. 为团体设计

为团体设计要根据团体成员的着装环境、工作性质和穿着目的等方面的特点进行构思。除了要考虑团体成员的共性特点以及他们的生理和心理方面的需求外，还要从这个团体成员与外界的关系去构想服装效果，以满足他们的工作需要和体现团体的精神面貌。

### 3. 为服装市场设计

设计师大多是从属于某个服装企业担任设计工作。因此设计师主要的工作就是把自己的作品通过服装的批量生产转化为产品，再通过销售渠道转化为商品，最后到达穿着者手中变成消费品。所以，设计是影响服装商品销售的关键因素。

市场产品设计要根据市场流行和满足消费者生活着装的需要进行构思，以获得消费者的任何和接受为目标。

4. 为时装展示设计

时装展示有生产性、商业性、文娱性和学术性等形式。时装展示分为静态展示和动态展示两大类。静态展示是指展馆、橱窗中的时装陈列；动态展示是指时装表演活动。展示型服装的设计，首先要考虑展示的总体效果，不仅要从时装的创新、审美方面去设想，还要从服饰饰品的搭配、系列关系的组合等方面去构思。时装展示使服装设计的内涵和容量得到扩展，增加了时装的艺术品和观赏价值。并且，设计师的创造才华得以充分发挥，时装创意的理念得以高度升华。

## 二、现代艺术思潮对服装设计的影响

时代变革下的艺术思潮和材料的诞生与变更时刻影响着时装设计的方向与主题。在服装设计的概念出现以来，对服装设计产生了深远影响的，是时代性的艺术思潮下几次大的艺术运动。

### （一）工艺美术运动

1851 年第一届世界博览会在伦敦开幕，它标志着现代工业生产时代的到来，世博会所有的展品均体现了现代工业的发展和人类无限的想象力。尤其是英国政府为举办世博会，在海德公园内首次以钢材和玻璃建造了一座"水晶宫"，这种以奇特的造型、特殊的材料相结合的形式营造并兼并出良好的采光的建筑艺术，是现代工业化技术的结晶，其透明性也为其在视觉上营造了巨大的空间感。

"时装之父"沃斯设计的礼服也参加了此次博览会。这次博览会一方面全面地展示了欧洲和美国的工业发展成就；另一方面也暴露了工业设计中的各种问题，从而刺激了设计的改革，引发了工艺美术运动。当时的艺术家和作家莫里斯对机械产品的低劣与混乱极度不满，认为工业产品是毛坯，必须再进行手工装饰，他主张回溯到中世纪的传统设计，并身体力行，开设设计作坊，力图通过高质量的设计和恢复手工作坊的生产方式来改造社会。莫里斯提出的"艺术为大多数人服务"的思想及实践，打开了现代设计运动的大门，并对世界设计业产生了深远的影响。

服装设计师地位的奠定是由 19 世纪中叶开始，当时沃斯在巴黎开设的第一家高级时装店、缝纫机于美国的成功问世以及同时期工艺美术运动思潮的影响等，都将设计师归纳进艺术家的行列，而这些又都为现代服装设计奠定了基础。沃斯的成功不仅在于他开创了服装设计的概念，同时在于他善于对面料属性的把握，讲究服装结构工艺的完美、细化，对细部结构设计的别具匠心。在满足阶层的虚荣心上，对于表现女性美的一面有着精湛的技术，同时又注重个性化设计。

可以说沃斯的设计决定了现代女装的审美风格，将女性的全鸟笼式撑架裙改成半鸟笼式撑裙是其主要贡献，这种风格与当时所提倡的曲线造型相吻合。除此以外，crinoline、巴瑟尔裙、夜礼服，其利用省道分割设计的"公主线"紧身女装更是成为高级女装的象征，同时也暗示了服装的变革和发展趋势。

### （二）新艺术运动

19世纪末至20世纪初，一种以造型式样的新艺术运动在欧美得到提倡。新艺术运动受东方尤其是日本浮世绘风格的影响很大，在工作方式上出现了规模化、批量化的工厂，这是对现代设计迈向民主、平民化的进步。这场新运动的主要目的是唤起人们对传统手工艺的重视和热衷，采用从自然界中汲取的如植物、动物为中心的装饰风格，以其为灵感，表达形态和美感，摒弃了传统的烦琐、华丽的装饰风格。同时这又是一场具有相当影响力且非常重要的形式主义运动，其影响从建筑、产品、家具、服装、首饰、书籍装帧、平面设计一直到绘画、雕塑等纯艺术领域。

面对工业化的批量生产，人们的审美观念也在发生变化，如女性服装，当时女性服装的样式以动植物为主题，流线型和优雅的曲线是其装饰特征，上半身用紧身胸衣将乳房高高托起，下摆呈喇叭状放开，背部贴身、收腹、翘臀，裙在臀围线以上非常合体，整体造型呈"S"形曲线，符合西方女性人体美的艺术观念。但其对女性身体造成束缚的紧身胸衣，产生了许多争议。由此可见，新艺术运动在服装领域的具体表现，更多的是在意追求服装的装饰风格设计上。

### （三）装饰艺术运动

装饰艺术运动出现在20世纪20-30年代的欧美，它是以针对新艺术运动风格而诞生的运动，反对自然的、古典主义的及单纯手工的倾向，主张机械美学，强调装饰效果。装饰艺术运动被西方设计理论家称为"流行的现代主义"或"大众化的现代主义"，其原因是装饰运动既承认以工业化、机械化生产为现代设计的基础，又从古典与传统中汲取营养，使某些风格设计成为大众化的流行产品，使产品更加具有积极的时代意义。

在服装设计风格上也因为装饰艺术运动的特点，使服装设计舞台艺术受到强烈影响。如法国著名的时装设计大师保罗·布瓦列特就于第一次世界大战前夕第一个废弃了紧身胸衣，设计了不束胸、不束腰，而是以高腰、窄裙、低领为主的时装取而代之，使原来服装主要以"S"形曲线转向直线型。这种服装的形式灵感来自于东方服饰文化，用新的审美形式来改造原来的审美形式。而这灵感的主要来源，是从俄国芭蕾舞团的服装设计师列昂·巴克斯特非常前卫的、色彩对比强烈的、紧凑贴身的设计风格中获取的，保罗非常敏感的抓住这一设计形式，也可以说抓住了时代的潮流。在色彩上则推出了明亮系列，与简洁的线条和精美的图案产生了强烈的对比，又能在对比中统一协调。借鉴东方服饰与古艺术，如穆斯林头巾、波斯图案、和服、土耳其裤及古希腊、古罗马艺术等，将服装的设计重点移向肩部，采用大量简洁的衣褶，使其设计的服饰风格柔和、简洁、艳丽和优雅，更具有一种东方情趣的精致、浪漫与神秘。

服装艺术运动与现代主义运动几乎同时发生，因此无论从设计的形式或是材料的使用，现代主义运动都明显地影响了装饰艺术运动。

## （四）现代主义艺术运动

现代主义艺术运动以其独特的内容和观念，是从哲学、美学、艺术、文学、心理学、音乐、舞蹈到现代设计等不同领域上针对传统意识进行变革。其目的是希望通过各种现代设计来改进人民与社会素质的整体水平，表现现代设计领域具有个性、民主性、主观性、革命性和形式主义等的鲜明特征。在现代建筑风格上，对这场运动的发展和进步起到关键性的促进作用，对于新材料的运用，使得新建筑设计突破了传统建筑设计风格。这其中就包括了德国的"工业联盟"、荷兰的"风格派运动"、俄国的构成主义运动及包豪斯设计学院的建立，这些运动产生的设计风格较为单调，因此也衍生出了种种新的设计风格，都为现代主义及其发展所演绎的内容。

德国包豪斯设计学院的建立和发展，奠定了现代主义风格，成为现代设计的出发点。包豪斯设计学院统一了美术和设计这两个不同的领域，提倡了艺术与技术的结合，是以人为使用对象进行的设计，因此这种设计逐渐为大众所接受，并将其批量生产。包豪斯设计学院的成功，得益于"德国工业联盟"的成立及产品"实用"功能越来越受到重视，对过去造型中没有的机械没开始追求，造就了设计的现代化。

这种艺术与技术的结合，在服装设计上亦受到影响，使服装业也走上工业化征程的领域。世界服装业异彩纷呈的时代必然来临，形成了现代服装艺术设计的现实背景，以往单纯为少数人服务的手工业制作已不能适应时代的发展和需求。

从塞上到毕加索、由古典主义到现代主义，现代艺术的理性结构得以奠基。现代服装的艺术设计理论、审美意念、构成要素、形式美原理等大多数出自现代艺术理念，而引导了一波又一波时尚潮流的现代注明的世界时装大师们，亦是从这些艺术中找到设计灵感。由此可见，现代构成主义、蒙德里安艺术、波普艺术及街头文化等艺术风格都不同程度地深入到服装设计领域中，这是现代主义运动时期各种风格、各种艺术形式并存且相互影响的结果，也使艺术与设计共生共存、互为影响的概念深深地烙入服装的设计理念中。

## 三、信息化时代下服饰文化内涵及发展趋势

在如今这个信息化时代，个性表达的强烈性、各国家民族服饰风格的融合性、在哲学与科学文化下的体现性、个人对服装意识觉醒的需求性的融合下，服装的内涵逐渐扩展，发展趋势也呈现多元化的走向。

### （一）个性文化的表达

个性差异的存在是个性特征发展的前提，也是影响人们着装行为差异的基础。而其中主要影响服装行为的个性特征是人的性格和气质的差异。性格是完成活动任务的态度和行为方式的特征，性格带有明显的先天性，大多数人的性格是先天铸就的，如性格内向的人着装大多比较整洁而不擅长装扮，性格活泼的人着装大多比较擅长搭配。气质是个体心理活动的动力及外在表现特征，虽然气质与先天的血型有一定的关系，但影响气质最重要的因素是生活、学习的环境、所接受的教育程度和社会地位、角色及由此产生的职业等等，如大学校园里培养着各种不同专业的学生，由于所学知识的专业需要和环境氛围的影响而形成了具有专业特色的整体着装风格。艺术学院尤其是纯艺术如雕塑、油画等专业的学生敢破敢立，敢于打破社会规范的约束，富有强烈的表现自我的愿望，着装大胆自由，不拘小节；外语学院的女生则大多追求浪漫情调，着装比较洋气；理工学院的学生大多严谨、刻板却憧憬着美丽的服装，故着装整齐优雅；医学院学生认真、一丝不苟，故着装单调简洁。又如同样是牛仔裤，性格气质不同的男生和

女生的认知和理解也是迥然有异的，追求时尚女生的牛仔裤常常缀有时下流行的装饰细节；另类的女生会故意把牛仔裤损坏，形成野性的风格；懒惰的男生总是说牛仔裤实用（耐脏和耐磨）。可见，即使是同样的服装形式，不同性别、不同年龄层次、不同文化品位的人的认知是不一样的，这就衍生出各种各样的审美形态，形成了服装审美的多元化格局。

服装以造型、风格、结构及细部雕琢等向人们传播某种文化信息，因此服装在信息时代，既要有使用性的一面，又要迎合文化信息的表达。而服装设计在信息时代个性化的表达上有赖于传统文化的发扬和现代艺术手法的完美结合，这就成为设计师们在表达服装个性文化表达时所要面对的重要问题。

### （二）设计哲学文化内涵的体现

"回家"一般是人内心追求的最终目的，"家"所能带给我们的不仅仅是身体上的休憩，更是心灵上的慰藉及对以往记忆的怀念。借由这种慰藉，近年的服装设计界弥漫着一种"回家"的渴望，这种对记忆的怀念，吹拂起一股怀旧的自然风格。在现代设计的标准化与机械化中，生活也被程序化与简单化，人们发现自己置身于一个陌生又毫无人情味的环境当中，生活也不再是主题，生命力与充满变化的感觉正在逐渐流失，如同沉默在一种平面化的单调中，而这种"自然风"，正是以针对这种机械化生活而诞生的风格，以唤醒我们的生活。

这种以回归自然、返璞归真的设计潮流，不仅涉及服装设计有形的外在方面，还关注无形的内在感情的流动，以人为本的设计是感性和理性自然结合的设计实践，更使以人为本的设计理念有了更深刻的内涵。服装设计在造型朴素、形态亲切及符合自然生态规律的整体设计上，要符合信息时代的潮流，更要体现协调人的理智与情感，给人以"回家"的亲切感。设计师要满足对这些要求的把握，不仅需要观察人心灵的世界，更要以艺术家的身份融合高科技和人们的感情需要来体会。

"天地之道而美于和""天地之美莫大于和"是强调人与自然的和谐关系，这种中国文化中的以"和"为"美"正是体现各种因素对人健康舒适性的影响。因此，服装设计在服装卫生、人体工学方面的研究，是设计者学文化内涵所必要的，对提高服装的健康舒适性具有重要意义。

### （三）以"需要"为层次的转化

19世纪中叶，工艺美术运动期间，英国人莫里斯提出"不要在家里放一件有用而不美的东西"，这种审美是对艺术设计的肯定，体现着人类在不同时期有着不同的文化和经济尺度。

随着社会经济条件的改变，穿着已不足以满足人们生活的需要，安全、健康、卫生、舒适成为人们生活中所必须的问题，同时对这种需要也在逐渐增强。而现代生活中这些文化尺度与需要可以通过技术与人的良好结合来实现，这也表明了相互紧密联系是科学技术发展在设计理念上的进步。

另一方面，在"美"与"用"上也有了更深层次的意义和诠释，"美"指追求自然美、个性美、时尚美与另类美等时代感的审美形态及适合着装者心理认同感，这种单纯追求形式的美感，又赋予了审美更多文化内容；合理、安全、健康、卫生、舒适、便捷、灵活与科学智能化等功能则是"用"的主要目的。综上所述，要体现出精神文化、物质文化和社会文化的一致性，就要实现服装设计功能"美"与最终目的，即服用功能"用"的完美和协调。

### （四）科学、艺术及技术下的服装时尚

科学和技术的发展对现代服装设计和服饰文化的影响有着显著的促进作用，这可以从三个角度分析：缝纫机的发明和服装辅助加工设备技术的提高以及化学纤维及合成纤维的飞速发展，促进了服装工业化的规模生产。服装的产品质量不断提高，服装设计的手法和创作的材料都发生了变化，设计手法不断创新，服装造型越来越丰富，材料的触感、质感越来越个性化和人性化，服装成衣已成为大众化和平民化消费；科学和技术的发展与物质文化的繁荣有着极深的渊源，生产力的发展带动了经济的提高，经济能力的提高促进了财富的扩散，加上教育程度和文化品位的提高，人们认知能力和审美能力的升华等因素改变了人们的生活方式；科学和技术促进了媒体的发展，信息的快速传播使流行和文化的影响日益增强，促进了中西方文化和艺术的交流和融合，这些都使服饰时尚文化和艺术潮流深入人心。

农业文明时期精湛的手艺技术和艺术的结合、工业文明时期的科学与大工业机械化的结合是时代发展的特性，而这些时期又因为种种限制，显示出明显的不足。信息时代来临后，随着后现代主义思潮的兴起，越来越多的人认识到科学技术是社会发展的内在总体，它被分解为单独的部门不是取决于事物的本质，而是人类认识能力的局限性。科学技术与艺术在设计与社会生活领域应是相互联系、相互渗透的一个整体，对这种认知促进了如今信息文明时期的产生，以手工艺技术、艺术、科学技

术及信息技术组成的新联盟，表达了一种人性与自然，具有高科技含量与文化和艺术内涵。

服装未来的发展，依赖于传统文化的渊源和精湛工艺艺术的完美协调。在服装设计作为人类社会生活方式和社会形态的表征下，必然要从破旧的传统、模式与观念中面向一个新的着装形态，以此来满足消费者的需求，又要同时满足需要。对这种需求与需要的满足，就要以科学与机械工业技术为支撑，以能做到推陈出新和迎合社会大众的文化心态顾及物质需要。

### （五）中西服装文化融合下的兼收并蓄

信息时代应反对热河形式的文化保守主义和文化虚无主义，以创造出适合信息时代所需的文化观念为目的，努力发扬优秀成分并加以提炼融合，坚持艺术设计处在中西文化关系上的中西融合。

西方文明中的比例法则、理性思维方式及立体观融入进服装设计中，结合中国传统文化中的优秀表现手法而设计出的中西方融合运用的服装，既可以表现出互相为"用"，又可面向生活、面向自然、面向当代及未来。探索和研究适合我国国情，通过对自然和文化资源的合理开发和利用，走向服装设计的可持续发展的道路。

## 四、信息化时代下服装设计预测企划的建立

（1）目标企划：正确地拟定消费对象的类型，以此作为企划的出发点。

（2）情报企划：预测商品类型，收集市场有关情报，分析归纳并得出结论。市场情报可分为预测消费者情报；国内外服装流行式样、色彩、材料情报；有关社会、生活、经济、形态情报；相关制造商情报；传统及最新技术情报；往年销售情报等。

（3）概念企划：以各种情报分析得出结论构思的主题或形态的具体形式展示，有必要获得设计系统人员的认可。

（4）形象企划：形象被定位后，指定符合此形象的式样、材料、色彩等进行综合计划，必须充分考虑商品之间、环境与顾客之间的关系。

（5）项目企划：具体计划基本质料、细节设计、色彩、尺寸、型号、花样、价格等因素。

（6）设计企划：实际设计并制作样品，确定加工工艺流程。参与计划的人员必须充分沟通，力求对形象十分了解。

（7）宣传企划：拟定宣传展示商品的方式，包括广告的制作和促销

活动的开展，以及对于市场反应的应急方案等。

（8）反馈企划：从效益的角度检查成本核算、产值、利润，并通过生产、销售部分了解产销信息；检验工作成果，同时检查宣传效果，确认产品是否能系列化发展，以及今后如何发展。

现代服装设计的整体计划是以设计师为中心的，各个职能部门的团结协作是最重要的考虑因素，顺利进行计划的实施是服装设计的成功保证。

# 第二章  服装分类设计

　　服装在自身的发展过程中，逐渐形成了不同的分类方法，以适应人们日常的生活需要，如按季节分类，按性别年龄分类等。而且，随着人们生活水平的日益提高，服装分类的标准也在不断变化，其要求也越来越高。这一现状也对服装设计师的工作提出了更多的要求，使设计师的工作更加细分化。要求设计师在具体的设计工作中，遵循分类服装的设计原则，准确定位，以满足消费者不同层次的需求。

# 第一节  常见的服装分类方法

　　服装从起源发展至今，逐渐形成了不同的类别。常见的分类方法是从人们约定俗成的、在服装的流通领域易被人接受的角度对其进行分类。

## 一、按性别年龄分类

　　按性别年龄分为男装、女装、中性服装、婴儿服装（出生～1岁）、幼儿服装（2～5岁）、学龄儿童装（6～12岁）、少年装（13～17岁）、青年装（18～24岁，图2-1-1）、成年装（25岁以上）、中老年装（50岁以上，图2-1-2）。

图 2-1-1　青年装

图 2-1-2　老年装

## 二、按季节气候分类

不同地域的服装，其季节特征有所不同。在我国，服装的季节可分为初春、春、初夏、盛夏、夏末、初秋、秋、冬8种。

## 三、按用途分类

服装按用途分可分为社交礼仪服、日常生活服、职业装、运动服和舞台表演装五大类。

### （一）社交礼仪服

在婚礼、葬礼、应聘、聚会、访问等正式场合穿着的是礼仪性服装。西方的礼仪可分为日间礼服和晚间礼服。礼服的用料非常高档，设计时需符合穿着者的身份、体态和风度，做工精致，形式一般采用套装或连衣裙，如婚礼服、丧礼服、午后礼服、晚礼服等（图2-1-3）。

图 2-1-3 社交礼仪服

### （二）日常生活装

日常生活装是指在普通的生活、学习、工作和休闲场合穿着的服装，包括的范围较广。由于穿着的环境不同，有时略带正统意味，有时也比较轻松、时尚，如上班服、休闲装、学生装、家居服等（图2-1-4）。

图 2-1-4　日常生活装

## （三）职业装

职业装是用于工作场所，而且能表明职业特征的标志性服装。根据职业特色、场所的不同，又可分为职业时装和职业制服。

## （四）运动服

运动服是指人们在参加体育活动时所穿的服装，可分为专项竞技赛服和活动服两大类。专项竞技赛服要适合不同竞技项目的特点、运动特色，而且要有代表参赛团体的标志，如田径服、网球服、体操服、登山服、击剑金属衣等。活动服是人们进行一般体育活动时穿着的服装，如晨间锻炼的运动衣裤。运动服对服装的功能性、透气性、吸湿性要求非常高。

## （五）舞台表演装

舞台表演装也称作演出服，是根据舞台演出的需要，帮助演员塑造角色形象，统一演出的整体风格而设计的一种展示型的服装，常以独特的装饰或夸张手法达到令人惊叹的效果（图 2-1-5）。

图 2-1-5　舞台表演装

### 四、按民族分类

欧美地区传统和现行的西式服装是当今服装设计的主流，但世界各地都有典型民族特色的民族服装，如中国的旗袍、唐装，日本的和服，韩国的民族服饰（图2-1-6）等，这些都是人类文明的宝贵财富。

图2-1-6　韩国民族服饰

### 五、按流通层次分类

服装按流通层次分类，可分为成衣和高级定制服装两大类。所谓成衣，是指按一定规格和标准号码尺寸批量生产的系列化服装，它是20世纪初伴随着缝纫机的发明和进步而出现的服装制作形式。成衣又有普通成衣和高级成衣之分。普通成衣面向普通大众，价格较低。高级成衣在一定程度上保留或继承了高级定制服装的特点，针对中高级目标消费群的职业、文化品位以及穿着场合等进行小批量、多品种和适应性的设计。普通成衣与高级成衣的区别，除了其批量大小、质量高低外，关键还在于设计所体现的品位与个性。

高级定制服装又称为高级时装，最初源于19世纪中期欧洲以上流社会和中产阶级为消费对象的高价奢侈女装，是指由著名设计师设计，并针对顾客体型量体裁衣的时装，适合高层次的个性化消费需求。设计风格独特、用料考究、手工制作与工艺精湛、价格昂贵是高级定制服装的主要特点（图2-1-7）。

图 2-1-7　高级定制服装

## 六、按设计目的分类

服装按设计目的分类，可分为销售型服装、发布服装、比赛用服装和特殊需求服装。

销售型服装首先是商品，设计时要考虑工业化批量生产的可能性与降低成本等因素（图 2-1-8）。发布服装一般是为了阐述品牌理念、流行预测或进行订货的服装。比赛用服装是遴选优秀设计人才的重要方式，一般分为两类：一是创意性设计；二是实用型设计。特殊需求服装是根据用户需要而设计的服装。

图 2-1-8　工业化成衣设计

## 七、按风格分类

流行风格是设计师构思设计时所制定的总体方向，表现为风格主题倾向，是设计师对流行的总体把握。

现代时装设计中，常见的流行风格主题有简约主义风格、军服风貌、好莱坞风貌、西部风格、50 年代风格、60 年代风格、70 年代风格、80 年代风格、街头风格、多层风貌、透视风貌、男孩风貌、朋克风格、嬉皮风格、雅皮风格、民间服饰风貌、波希米亚风格、几何线性风貌、解构主义风格、古典风格、哥特式风格、巴洛克风格、洛可可风格、超短风貌、异国情调装束、超大风貌、印第安风貌、波普风格、无性别风貌、纯情风貌、未来主义风格等。下面列举几何线性风貌、解构主义风格和洛可可风格这三类（图 2-1-9 至图 2-1-11）。

图 2-1-9 几何线性风貌

图 2-1-10 解构主义风格

图 2-1-11 洛可可风格

# 第二节　分类服装设计的意义与原则

## 一、分类服装设计的意义

设计者在设计之前只有全面、细致、准确地理解各种形式的设计指令，才能得出令人满意的设计结果。分类服装设计是对分类服装提出总的设计要求，设计者在理解这些总的设计要求的前提下，对某个具体设计指令进行多方位的"设计扫描"，得出一个既综合多项设计要求又针对该设计指令的最佳设计方案。

## 二、分类服装设计的原则

无论设计何种服装，均要掌握三项总的设计原则，分别是用途明确、角色明确和定位准确。

### （一）用途明确

这里的用途是指设计的目的和服装的去向。明确了服装的用途，设计才能有的放矢。

### （二）角色明确

角色是指具体的服装穿着者。除了年龄性别外，设计者还应该对穿着者的社会角色、经济状况、文化素养、性格特征、生活环境等进行分析。批量生产的服装是为求得穿着者在诸多方面的共性；单件定制的服装则要找出穿着者的个性，并且要注意穿着者的身体条件。

角色明确是在用途明确的基础上进行的，没有明确的角色仍可进行设计构思——尽管会在穿着方面带有一定的盲目性，却并不会影响服装的存在；没有明确的用途则无法进行设计构思——不知道穿着者想要什么东西。

### （三）定位准确

定位包括风格定位、内容定位和价格定位。风格定位是服装的品位要求；内容定位是服装的具体款式和功能；价格定位是针对销售服装而言的，合理的产品价格是设计者应该了解的内容。

# 第三节　服装的分类设计

服装的分类设计包括职业装设计、休闲装设计、礼服设计、内衣以及家居服装设计、针织类服装设计和童装设计六部分。

## 一、职业装设计

职业装是表明穿着者职业特征的服装。职业装设计是从"现代服装设计"中分离出来的现代服装专有名词。在发达国家，职业装发展迅猛，其面貌已逐渐呈现出从"大服装体系"中分离而成为一个相对独立的分系统的趋势。职业装根据其功用、穿着目的，可分为职业时装、职业制服、特种职业装三大类。

### （一）职业时装

1. 概念和分类

职业时装是指从事"白领"工作的人们穿着的具有时尚感和个性感的个人消费类服装。这类服装没有严格的规制，允许穿着者有适度的个人喜好和时尚表露。

2. 设计原则

职业时装中的男装大多以经典的西装与衬衣、领带的搭配为主。随着服装界运动休闲风格的影响，西装的面料、造型、细节、工艺发生了改变，从"正式"礼服趋向休闲，成为男士职业时装的首选（图2-3-1）。

**图2-3-1　职业男性着装**

职业女装常以套装的形式出现，中性的色彩、时尚的面料及细节变化是经典的职业形象。其设计原则的基本要求是塑造女性端庄、高雅、干净、自信的形象（图2-3-2）。

图2-3-2　职业女性着装

　　职业时装虽然没有特定的款式、色彩、面料的限制，但也要受到行业和工作环境的制约。设计时应符合大众审美标准，力求简约大方，过于夸张和时髦的款式不适合作为职业时装。

### （二）职业制服

1. 概念和分类

　　职业制服是指按一定的制度和规范进行设计，以标识职业特点和强化企业形象为目的的服装。

　　职业制服按功用、穿着目的可划分为服务性行业制服和非服务性行业制服。前者如航空、金融、宾馆、餐饮、美容等行业服装（图2-3-3），后者如军服、警服（图2-3-4）及科技、卫生等行业服装。职业制服多由主管部门统一定制发放，设计时一般不考虑年龄因素。

图2-3-3　空姐职业装

图2-3-4　警服

2. 设计原则

职业制服的设计需遵循四项原则，分别是独特鲜明的标识性与系列性原则、与职业活动协调的机能性原则、经济实用性原则和审美性原则。

（1）独特鲜明的标识性与系列性

职业服装的标识性，在于其能够反映不同的职业及职别，显示不同职业在社会中拥有的形象、地位和作用，在引导和激发员工对本职工作的责任心和自豪感的同时，形成强烈而鲜明的集团形象。在现代社会中，传统的"以产品求发展，以质量求生存"的企业理念已不能满足消费者更高层次的需求，以传达、推广企业形象认知为目标的 CI（corporate identity）系统的策划与塑造，对企业的发展、企业文化和精神的确定，以及品牌权威的树立都十分重要。

运用 CI 视觉识别系统的基本要素（如企业名称、品牌标志、标准色、标准字体、徽标图案等形象符号）设计的职业制服是企业 CI 设计中重要的组成部分（图 2-3-5），其鲜明的标识性使人们产生强烈的视觉认知，如大家熟悉的麦当劳等企业的职业制服。

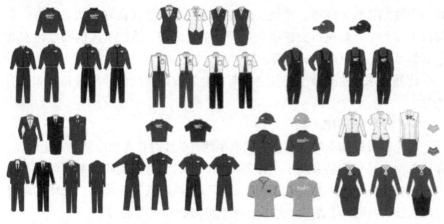

图 2-3-5　CI 设计中的职业制服

除了不同企业、社团间的职业制服有所区别外，许多企业内部不同岗位、身份、工种的职业制服也有严格的区别，如宾馆酒店的服装分门童服（图 2-3-6）、迎宾服、管理服、客房服、厨师服、保安服等。因此职业制服具有对外的统一性和对内的区别性，在设计时要注重系列性的要求。可在确定 CI 视觉识别的前提下进行可变元素的调整，如服装的色彩、造型、搭配、饰物等。

**图 2-3-6 酒店门童服装**

（2）与职业活动协调的机能性

职业服装的穿着目的是适应职业活动和工作环境的需要，服装要通过其使用性能和防护性能，将员工的生理、心理调整到良好的状态，进一步提高工作效率。如夜行交警服上的荧光条纹嵌饰、清洁工人的橘红色服饰色彩都是为了引起车辆的注意。

此外，季节的差异也往往会引起职业装设计在配色、用料和款式上的变化。

（3）经济实用性

职业制服最基本的特征是它的实用性，设计时要考虑服装的舒适合体、穿脱方便、易于活动和适于工作等特点。同时要考虑到职业制服的大批量性，应在保证美感、功能的前提下，尽可能地降低生产成本，具体实施时可以从面料的选择、款式、结构、工艺的复杂程度等处着眼。

（4）审美性

职业制服除满足职业活动的需求外，其款式设计的变化推新等审美性也不容忽视。工作的美丽不仅体现在劳动本身，适当美化职业制服，不仅能激发人们的工作热情，增加视觉感官的愉悦，减少劳动操作的紧张乏味，更能起到点缀空间和美化环境的效果。选择得体的廓形、结构，适当地运用色彩、配饰，是设计职业时装的常用手法。但我国的职业制服因受到特定条件、观念意识等因素的影响，大多简陋粗糙，在设计、制作和使用上尚处在发展阶段，还不能满足迅速增加的各行业、各工种以及季节性或定期性的要求，因此还需要不断学习、借鉴欧美发达国家的职业制服设计，提高自身水平。

### （三）特殊职业装

1. 概念和分类

特种职业装是在特殊工作环境下穿用，以防止环境对人体的危害，具备某些特殊功能的服装，有时又称特殊类服装。根据不同的防护功能，可分为防尘服、防火服、防水服、均压服、防毒服、避弹服、迷彩服、潜水服、宇航服、防化服等。如图 2-3-7 所示为有综合防护功能的制服。

图 2-3-7　有综合防护功能的制服

2. 设计原则

（1）机能性

设计特种职业装应充分考虑到运动机能性和保护身体机能性的特殊需要，突出其机能性的用途。设计时要密切结合人体工程学，方便身体的屈伸活动，保护身体的重要部位，可采用加层、封闭式或密闭式设计，衣袖、衣摆及裤口最好有调节松紧的部件。选用材料应质轻，穿着舒适，以避免行动不便或体力消耗过大。

（2）款式色彩

特种功能的服装崇尚实用机能性的造型结构，力求以最简单有效的手段取得最大的功能效益。款式设计注意轮廓清晰、线条简洁、结构科学合理。色彩选用不能盲目，应从作业性质、环境条件、穿用季节、材料质地以及人们的心理等方面考虑。如防尘工作服，面料应以白色或淡色为主，以便及时发现污染物，保持洁净。

## 二、休闲装设计

休闲装，又称便装，是根据现代生活方式衍生的舒适、轻松、随意、富有个性的服装。社会发展的高度机械化，造成了紧张而单调的生活方式，轻松和自然成为人们的渴望和追求，这种心态反映在着装上就是对休闲装的喜爱。不同层次的消费者，对休闲装的风格追求也不尽相同。一般来说，休闲装根据风格可分为前卫休闲装、运动休闲装、浪漫休闲装、古典休闲装、民俗休闲装和乡村休闲装等。

### （一）前卫休闲装

前卫休闲装是休闲装设计中最顶尖的时尚服装，它时髦、新奇，甚至另类、怪异，通过与众不同的构思表达独特的设计感。前卫休闲装多采用新型面料，风格偏向未来型，比如用闪光面料制作。前卫休闲装表现为夸张的款式造型、复杂的结构设计、用色（常用对比色）和搭配（内外、上下）突破常规（图2-3-8），往往混杂了许多艺术风格与街头时尚元素，如波普艺术、朋克风格、摇滚风格、嬉皮风格等，运用幽默、开放、自由的设计手法，打破传统与常规的设计模式。其代表设计师如让·保罗·戈蒂埃、约翰·加利亚诺、亚历山大·麦克奎恩等。

图2-3-8　新奇、另类的设计

### （二）运动休闲装

20 世纪 60 年代，法国设计师安德鲁·古亥吉在男装设计中加入了运动元素，改变了传统观念上运动装只能作为运动专用服的概念。从此运动风格成为非常重要的设计方向，并且带动了人们生活方式的改变。自由清新的户外运动与休闲旅游的概念产生，并与运动休闲装的发展相互渗透、影响，出现了沙滩装、登山服、马球衫、高尔夫装、遮阳镜等服装及服饰。此类服装一般采用适合人体活动的外形轮廓（H 形），面料舒适、透气性好，色彩搭配自然（图 2-3-9）。

图 2-3-9　运动休闲服饰

### （三）古典休闲装

古典休闲装以古希腊艺术为法则，在设计上以合理、单纯、节制、简洁和平衡为特征，具有唯美主义倾向。其面料及图案受流行左右较少，裁剪制作精良，面辅料选用较高档。表现在服装上比较正统、保守，款式简洁，喜用素色。在服装设计中，任何构思单纯、端庄、典雅、稳定、合理的设计都认为是古典主义风格（图 2-3-10）。

图 2-3-10　古典休闲装

### （四）商务休闲装

以夹克、衬衫、T恤、毛衫等为主。与普通休闲装不同，商务休闲装选料精细，裁剪讲求合体修身，一眼看上去就颇具档次。在色彩上，商务休闲装打破了男装传统的"黑、白、灰"，而大胆采用清新明快的米色、黄色、粉色等，并添入了不少时尚流行元素，彩色花格、条纹、几何图案的运用，使整体风格显得自然随意，比西装等正装穿着、搭配更为自由。在面料上，采用水洗、免烫等类面料，服装外形坚挺且易于保养。这些都成为商务休闲装走俏的主要因素。

礼服也称社交服，原是参加婚礼、葬礼、祭祀等仪式时穿着的服装，现泛指参加某些特殊活动如庆典、颁奖、晚会和进出某些正式场合时所穿用的服装。礼仪用装美丽、得体，既能表现出穿着者的身份，又能表现出形体美与场景的适应性。

## 三、礼服设计

礼服设计一般采用明快而绚丽的色彩，面料多选用高档的丝织物，工艺和装饰都很讲究。礼服可分为一般性社交礼服、晚礼服、婚礼服、创意礼服和中式礼服等。

### （一）一般性社交礼服

一般性社交礼服是人们进行交往活动时的装束，如聚会就餐、访问等场合。与传统的正式礼服相比，一般性社交礼服款式、选材比较广泛，风格优雅庄重，造型也比较舒适实用，如一些裙装、长裤套装、裙裤套装（图2-3-11）。

图 2-3-11　一般性社交礼服

## （二）晚礼服

晚礼服是夜间的正式礼服，是出席正式宴会、舞会、酒会及礼节性社交场合时的正式礼服，是最正规、庄重的礼服。女装多采用露肩、袒胸长裙的形式（图 2-3-12）；男士一般着燕尾服。随着时代的发展，燕尾服现在穿用比较少，而被黑色或深色的西装所替代。

图 2-3-12　晚礼服

女子晚礼服在造型、色彩、面料、细节等方面都非常讲究，丰富的廓形设计（如 S 形、X 形、A 形、Y 形）勾勒出女性的形体美。款式多为收腰的连体长裙，其设计要点在肩部、背部和腰部，如低胸、露背，裸露的程度视不同的着装环境而定。选用飘逸、柔软、透视的丝绸，如闪光缎、塔夫绸、蕾丝花边等高档面料，配以刺绣、钉珠、镶滚、褶皱等装饰手法（图 2-3-13），色彩以高雅、艳丽为主。

图 2-3-13　制作讲究的晚礼服

一件完美的晚礼服体现了款式、面料和工艺的和谐统一。巧妙的构思需要通过精湛的工艺来完成，因此工艺是衡量晚礼服质量的一个重要因素。由于晚礼服款式新奇多变，平面裁剪难以准确生动地表达构思，所以常采用立体裁剪的方法。

**（三）婚礼服**

婚礼服是指在举行婚礼仪式时，新娘、新郎及其他人员如伴郎、伴娘、嘉宾等穿着的礼仪服装，尤其是新娘服装，是整个婚礼服设计的重点。在西方国家，新人的婚礼常在教堂中举行，接受神与众人的祝福，是非常神圣的仪式，且白色又被视为纯洁的象征，所以新娘的礼服以白色裙装为主，款式多采用连衣裙形式。

新娘服装的造型以A形和X形为主，色彩以白色和各种淡雅的色彩（如浅红、浅紫、浅蓝、浅粉、浅黄色等）为主，面纱以白色为主，初婚一般都使用白色。面料多采用绸缎、绢网、绢纱、薄纱等具有柔和光泽的材料，来显示新娘的形体美和高贵典雅的气质（图2-3-14）。

**图2-3-14　婚纱礼服**

此外，装饰手法的运用也至关重要，常用的装饰手法有刺绣（丝线绣、盘金绣、贴布绣）、抽纱、镂空、钉珠（钉或熨假钻、人造珍珠、亮片）、褶皱、本色面料制作立体花卉、珍珠镶边、人造绢花等。男子婚礼服以燕尾服或西服套装为主，色彩可采用黑、米、白等传统色彩，并配以白色衬衫、领带、领结，胸前口袋可插一枝鲜花或一块手帕。

　　我国的婚礼服以传统旗袍和中式服装为主，面料多采用织锦缎、丝绸，色彩一般选用大红色，象征着喜庆、吉祥，寓意着婚姻生活幸福美满（图2-3-15）。

图2-3-15　传统中式礼服

## （四）创意礼服

　　创意礼服是指在礼服基本样式的基础上加入诸多创意设计元素的一种设计形式。创意礼服的发挥空间比较大，能够表达设计师更多的想法，故受到许多设计师的青睐，如中国的设计师张肇达、吴海燕、凌雅丽、郭培（图2-3-16），国外设计师约翰·加利亚诺（图2-3-17）、维维安·韦斯特伍德等。

图2-3-16　郭培作品

图 2-3-17　约翰·加利亚诺作品

创意礼服不仅具有观赏和艺术价值，同时还推动着服装业的发展。尽管创意服装在现实生活中无法穿着，但它们在款式、工艺、材料的开发与应用以及色彩搭配上的一切创造，都会影响和改变人们的观念、生活方式和着装状态，为未来的服装发展提供一种选择或一种可能。

## 四、内衣以及家居服装设计

### （一）内衣设计

内衣是人体的"第二肌肤"和"贴身伴侣"。广义而言，只要是穿着在最内层的衣服都称为内衣。内衣具有保护肌体、表现优美体型和重塑身型等功能。随着社会的进步，人们对生活品质追求的提高，内衣已成为服装中的重要组成部分。内衣设计已趋向多样化、流行化，并且男性的内衣也越来越多地受到商家和消费者的关注。20 世纪 90 年代，内衣外穿风貌流行，并表现为内衣形式的时装化，设计师将内衣设计元素（紧身胸衣结构、吊带、蕾丝花边、透明面料等）运用到日常服装的设计当中，并与其他服饰混搭，使内衣设计外衣化。

内衣按功能主要分为三大类：矫形内衣、贴身内衣和装饰性内衣。每一类内衣都有其独特的功能。

1. 矫形内衣

矫形内衣又被称为基础内衣、整形内衣或补正内衣，主要是为弥补女性体型的不足，塑造完美的身体曲线，如加高胸部、束平腹部等（图 2-3-18）。一般分为文胸、束裤、腰封和连体紧身衣几类。矫形内衣受益于人体工程学和高科技新材料的发现。此类内衣用料广泛，有化纤、海绵、丝绸、钢丝、蕾丝等，色彩以白色、肉色等浅颜色为主。设计师应选用吸汗、透气、具有较强的弹力、长时间穿戴不变形的天然纤维混纺织物。

图2-3-18　矫形内衣

2. 贴身内衣

　　贴身内衣又称为保健型内衣，是直接与皮肤接触的内衣，以卫生保健和保暖为主要功能，具有保温、吸汗等作用。主要分为内衣和内裤两类，如背心、汗衫、三角裤、平脚裤、衬裙等（图2-3-19）。款式设计简洁舒适，色彩多运用白色和各种淡雅的色彩，面料多以柔软的棉织品、富有弹性的针织面料为主。

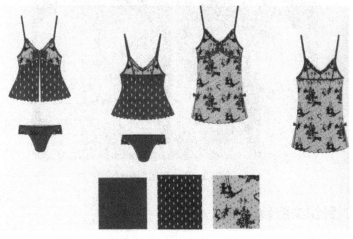

图2-3-19　贴身内衣

3. 装饰性内衣

装饰性内衣是指穿在贴身内衣外面和外衣里面的衣服，主要包括衬裙和连身衬裙等，具有使外衣穿脱方便，保持外衣柔和、流畅的造型，避免人体分泌物污染外衣等作用。装饰性内衣多运用刺绣、镂空或加饰镂空花边等设计手法，款式以结合人体轮廓的成型为主，面料多采用真丝、丝棉混纺或化纤面料。装饰性内衣可与透明材质的外衣结合，营造一种若隐若现的透视效果（图 2-3-20）。

图 2-3-20　装饰性内衣

## （二）家居服设计

家居服是指从事家务劳动、居家休息、娱乐时穿着的便装，主要有睡衣、睡裙、浴衣等（图 2-3-21）。

图 2-3-21　家居服设计

## 五、针织类服装设计

针织类服装是指用以线圈为基本单位，按一定组织结构排列成型的面料制作的服装；而梭织类服装面料是由经纬纱相互垂直交织成型的面料。针织类服装以其面料的特殊性、造型的简练、工艺流程短等特点区别于梭织类服装。

　　针织类服装可分为针织内衣、针织毛衣、针织外套（针织运动装、针织休闲装）、针织时装（针织面料制作的时装外套）、针织配件（围巾、帽子、手套、袜子等）。

　　针织类服装质地柔软，弹性较大，穿着舒适、轻便，可以充分体现人体的曲线美，并且具有很好的透气性和保暖性，满足了现代人崇尚休闲、运动、舒适、随意的心理，顺应了流行趋势，变得更加时装化、成衣化。进行此类服装的设计时，应突出面料特有的质感和优良的性能，采用流畅的线条和简洁的造型，款式不宜太过复杂，可从肌理效果、色彩、图案装饰上多加考虑，取得较理想的效果（图2-3-22）。

图2-3-22　针织类服装

## 六、童装设计

　　从服装学角度讲，儿童时期是指从出生到16岁这一年龄阶段，包括婴儿时期、幼儿时期、学龄儿童时期、少年时期四个阶段。童装即是以这四个年龄段儿童为对象所制作的服装的总称。考虑到儿童的心理、生理以及社会需求等因素，童装的设计定位要随着每个成长期而有所变动。现代意义的童装设计与成人服饰一样，不只满足于功能方面的需要，同时还融入了更多时尚文化元素，营造出和谐、丰富多彩的着装状态。

　　合理的童装设计，对于少年儿童的健康成长可起到一定的美育、教化、保护、角色定位的作用。

### （一）婴儿服装

从出生到1周岁称为婴儿期，这一阶段是儿童生长发育的显著时期。从初生平均50厘米增加到75厘米，体重约增加3倍。其主要体型特征为头部较大，身高比例为3.5～4个头长，胸腹围度无显著差异，腹围较大。婴儿服装通常有罩衫、围嘴、连衣裤、斗篷、睡袋等式样。在进行此类服装的设计时，要充分考虑婴儿的生理特征和习惯。款式要简洁、大方、穿脱方便。由于婴儿睡眠时间较长，骨骼还没有完全发育，不宜设计有腰缝线或育克的服装，不宜设计套头款式，尽量设计为前开襟，采用扁平的带子替代纽扣或拉链，以防止误吞或划伤。婴儿颈部较短，可采用无领设计。婴儿皮肤细腻，易出汗，排泄频繁，所以面料要选择伸缩性、吸湿性、保暖性与透气性较好的织物。婴儿的视觉系统远未发展完善，应避免过于鲜艳的色彩，以明快、清新的浅色调为主（图2-3-23）。

图2-3-23　婴儿服装

### （二）幼儿服装

1～5岁为幼儿期。这个时期的儿童，身高、体重迅速增长，其体型特点是头大、颈短、肩窄、身体前挺、腹部突出。此阶段儿童活动频繁，身体、思维和运时机能发育明显，服装设计时要考虑他们身心发育的特点。在款式设计上以宽松的连衣裤（裙）、吊带裤（裙）为主，轮廓以方形、A形为宜。门襟多设计在正前方，可采用纽扣、非金属拉链等开合方式，以训练幼儿自己穿脱衣服。幼儿颈短，领子应平坦柔软，不宜在领口设计复杂的花边。由于幼儿喜爱随身携带糖果、小玩具，可多设计一些口袋。幼儿时期，夏季服装面料以吸湿性强、透气性好的棉麻织物为主；秋冬季宜用保暖性好、耐洗耐穿的灯芯绒、斜纹布、加厚针织料为主。在膝、肘等经常摩擦的部位，可采用一些防撕扯、防污染功能的面料。另外，在服装色彩和图案的设计上，应为儿童的审美意识起到一定的启蒙作用，表达他们天真、稚气的特点（图2-3-24）。

图2-3-24　幼儿服装

### （三）学龄儿童服装

6～12岁的儿童被称为学龄儿童。这个时期儿童身高为115～145厘米，身高比例为5.5～6个头长，身体趋于坚实，四肢发达，腹平腰细，颈部渐长，肩部也逐步增宽，女童身高普遍高于男童，男女童的体型及性格已出现较大差异，因而设计时要有所区别。学龄前儿童的生活中心已从家庭转移到学校，服装尽量以简洁大方为主，应避免过分华丽、烦琐的装饰影响孩子学习。这个时期的女童已朦胧地呈现出胸、腰、臀的曲线，可采用X形造型体现女孩秀美的身姿，袖子可采用泡泡袖、灯笼袖，领子多采用荷叶边领。男孩日常运动和玩耍的范围越来越广，服装款式宜简洁大方，以H形为主。面料选择的范围较广，但仍以舒适的天然面料及混纺面料为主，应具有轻柔结实、不易褪色、耐洗涤的特点。春夏季可选用纯棉织物，秋冬季一般选用灯芯绒、粗花呢等，一些较为时尚、新颖的服装材料如加莱卡的防雨面料、加荧光涂层的针织面料也是很好的选择。色彩可选用和谐明快的色调，以避免浑浊老成或过于鲜艳的色彩。在节假日或参加正式场合时，可选择具有装饰性和华丽感的礼服，以求与穿着场合相适应（图2-3-25）。

图 2-3-25　学龄女童服装

## （四）少年服装

13 ～ 16 岁的中学时期为少年期。这个时期儿童的生理、心理状态变化较大，是儿童向青年过渡的时期。尤其到高中以后，女孩子胸部开始隆起，臀部突出，腰肢纤细，男孩肩宽臀窄，均已呈现出成人体态，已有了自己的审美意识，懂得在不同场合变换服装的选择。服装款式虽然与成年人的服装类似，并且有一定的流行时尚，但在造型上要注意体现少年儿童特殊的美感。女装要能体现女性的活泼、可爱、纯真的感觉，以连衣裙、运动时装、淑女装为主（图 2-3-26）。

图 2-3-26　少年女装

男装以各类休闲装、运动装组合为主，以体现少年生机勃勃的特点。少年服装在面料选择上比其他年龄段的服装设计更为广泛，可以根据季节、喜好选择合适的面料，色彩图案的选择不宜过于鲜艳（图 2-3-27）。

图 2-3-27　少年男装

# 第四节　服装的系列设计

## 一、系列设计的概念

### （一）系列

所谓系列，是有概念范围的。作品或者产品的系列，是指基于同一主题或同一风格具有相同或相似的元素，并以一定的次序和内部关联性构成各自完整而相互有联系的作品或者产品的形式。

### （二）服装系列设计

服装系列设计即服装的成组设计。服装的设计是款式、色彩、材料三者之间的协调组合，设计师在进行两套以上服装的设计时，将形、色、质贯穿于不同的设计中，使每一套服装在形、色、质三者之间实现某种关联性，这就是服装系列设计（图 2-4-1）。

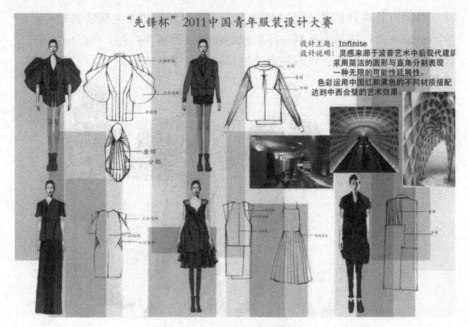

图 2-4-1　服装的系列设计

系列设计的重点在于完成服装设计和整体搭配这样一个着装状态的创造活动过程。在思维层次上，设计构思包含了科学技术和艺术审美这两种思维活动的特征，或者说是这两种思维方式整合的结果。把握好统一与变化的规律问题决定了服装系列设计的成败和优劣。

**（三）组成系列的服装套数**

服装的系列设计按照每个系列的套数可分为小系列（3～4套）、中系列（5～6套）、大系列（7～8套）和特大系列（9套以上）。

决定系列的规模和数量的因素有很多，比如设计构思的特点、客户设计任务的要求、设计师的兴趣、创作情绪以及设计中的偶发因素、后期展示的条件等。

## 二、系列设计的要点

### （一）服装系列设计中的同一要素

在服装的系列设计中，服装的整体轮廓或款式细节、面料色彩或肌理、结构、形态或图案纹样、服饰配件或装饰工艺等，会单个或多个地在作品中反复出现，从而使服装系列具有某种内在的逻辑联系和整体感观性。

### （二）同一要素在服装设计中的应用

同一要素在系列具体款式中出现时要进行不同的形式变化，比如大小、长短、疏密、强弱、位置等变化，使每个款式具有鲜明的个性特点（图2-4-2）。

图2-4-2　同一要素在服装设计中的应用

### （三）服装设计中的统一与变化

服装的系列设计在统一、变化规律的应用方面遵循的原则是"整体统一，局部变化"，变化是绝对的，统一是相对的，通常表现为群体的完整统一和单体的局部变化（图2-4-3）。

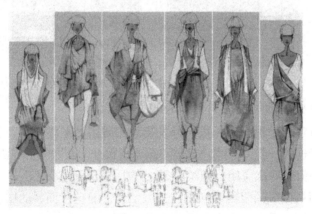

图2-4-3　系列设计的统一与变化

### （四）服装系列设计的流行感

时下流行的服装系列设计趋向于灵活多变、不落俗套的个性化效果，需要对同一要素采取整减、转换、分离等变异手法，在局部变化增强的基础上，获得服装系列的统一感。

### 三、服装系列设计的形成

服装上的各种要素按照意念需要可以凝聚成为系列的设计重点，甚至升华为设计主题，因强调的重点不同，产生出不同的系列表现形式。

#### （一）强调色彩的主调或组合规律的系列设计

突出色彩组合规律的系列设计，通常是以某组色彩为系列服装主题色彩，将其运用在系列中的单件服装上，保证每件套服装的主色调或组合色彩的数量不变，改变色彩的组合位置或色块分割的面积，以求得整体色彩变化丰富的效果。例如：主色调统一的系列设计、分割色为主的系列设计、对比色为主的系列设计或色彩层次渐变的系列设计等（图2-4-4）。

图2-4-4 强调色彩的主调或组合规律的系列设计

#### （二）强调面料对比组合效应的系列设计

随着科学技术的进步，人们开发出越来越多的新型面料，仅表现织物表面不同肌理的，就有起绒、起皱、拉毛、水洗、石磨等。在服装设计中，不同材质的面料对比应用，相映成趣，产生出不同的外观效果。

单色面料做成的服装系列重视造型结构，而花色面料的服装系列设计更注重挖掘面料本身的艺术内涵，追求图案纹样的统一或变化。

#### （三）强调整体或局部造型创意的系列设计

1. 整体廓形系列

服装的外部造型虽然一致，但如果内部结构细节不同，整个系列服装在保持廓形特征一致的同时，仍然会具有十分丰富的变化形式，因此也增强了系列服装的表现力。

利用同一种服装的外廓形进行多种内部线条分割，这种方法俗称服装结构中的"篮球、排球和足球式处理"（三种球的外形都是圆的，但有着不同的结构线条分割）。运用同形异构法，需要充分地把握服装款式的结构特征，线条处理力求合理有序，使之与外廓形构成一种比较协调的关系（图2-4-5）。

图2-4-5 强调整体轮廓形的系列设计

2. 局部细节系列

将服装中的某些细节作为系列的元素，使之成为系列中的关联性元素来统一系列中的多套服装。例如：面料图案的一致性及服装配件的统一性都会使整套服装有很强的系列感（图2-4-6）。

图2-4-6 强调局部细节的系列设计

### （四）题材系列设计

题材系列设计是指在某一设计题材指导下完成的主题性设计。主题是服装设计的主要因素之一，任何设计都是对某种主题的表达。设计应围绕主题进行造型、选择材料、搭配色彩，以反映设计的主旨。

一组作品是否构成系列，可以从系列作品的设计构思、实践至完成过程中的下面几点进行检测。

（1）作品造型的风格是否贯穿于整个系列之中。

（2）单套颜色的运用和系列配色组合是否体现出一组主色调色彩效果在系列的每一个款式之中应有的节奏变化。

（3）纹样和饰品在装饰的变化中是否能为系列作品添枝加叶，烘托出服装欲表达的意境氛围。

（4）材料的表现和材料的肌理特性是否给款式造型注入了活力，并形成整体协调而又有局部变化的系列构思。

（5）分割线的方式和缝制工艺手法是否表现为统一的风格。

另外，更多的服装系列设计是集中上述两种或两种以上设计元素的系列服装表现形式，是这些设计元素的一种综合运用。在服装系列中，设计元素之间特点鲜明，既互相联系又互相制约。虽然服装设计系列的表达形式多种多样，但是为了形成系列感，必须合理均衡各种设计元素的种类和表现力度，达到变化丰富又和谐统一的系列设计效果。服装系列间的跳跃性可以很大，但最终要统一它们彼此间的差异性，使整体服装系列设计整合在共同的主题和风格之下。

# 第三章　服装设计的程序

每一个新人进入设计工作室之前，或多或少都接受过服装设计专业的培养或培训。相应的学校或培训机构都会传授作为一名服装设计师应该掌握的基本技能，专业技能的范围和重点会因教学机构的层次和特点有所不同。但是，作为服装设计这项职业，基本的工作内容和程序相差无几。只不过，根据公司的经营模式、市场定位等的不同，设计师的工作内容会有所增减、程序会有所调整而已。在今天工业化的成衣制造业中，一件服装从构思到生产再到包装上市成为商品，一般要经过如下的过程：服装设计——样衣制作——批量生产——市场销售，服装设计在整个过程中居于前端位置。

本章主要围绕服装设计的程序进行具体阐述，内容包括五个方面，即准备阶段、构思阶段、提供设计概念阶段、结构设计阶段以及缝制工艺设计阶段。

# 第一节　准备阶段

准备阶段，是服装设计程序的第一步，主要包括四个方面的内容，具体如下。

## 一、市场调查

实际上，设计工作是从各种信息、资讯的收集入手的。从狭义来看，设计也许会被理解为画款式。这样想没有错，这正是设计师的工作当中，大多数人看得见的部分。但事实上，设计师还有许多工作要做，只要是与服装创意相关的工作，都需要设计师的参与。

### （一）消费者的消费倾向

服装设计必须从了解它的消费者开始。公司定位的顾客群期待着从店里挑选到合心意的衣服，他们可能不大关心这些衣服的设计师是谁。但反过来，设计师却要下力气了解这些顾客——他们的年龄、性别、生活方式，观念是保守还是开放，会在怎样的心理驱动下购买服装，买衣服的习惯是怎样的，等等都是必须重视的要素。在为他们设计下一季的服装之前，了解眼下他们在干什么、对什么感兴趣也具有相当重要的参考价值。这样一来，设计就能具有针对性，从而可以达到较好的效果。

### （二）竞争对手的设计与手段

显然，瞄准了同一个消费群的，有很多竞争对手。竞争对手是如何获得顾客青睐的、他们都用了什么手段，这些都是需要研究的问题。研究透彻这些问题之后，便能够做到"知己知彼，百战不殆"。

### （三）本公司往年、往季的设计与销售状况

设计者要回顾，本品牌往年、往季的设计和销售记录之间有着怎样的关联。这也是为了了解什么样的设计受顾客喜欢，而怎样的设计令他们无动于衷。分析一下原因，很有可能会找到投其所好的线索。

### （四）市场调查的形式

市场调查有多种形式，比较常见的有问卷式以及观察、记录式。下面，我们主要围绕这两种形式进行具体阐述。

1. 问卷式

为了完成全面、深入的市场调研，设计师就要制定一个完善的调查问卷。这个调查问卷可以是充分体现消费者购买意向的顾客问卷，也可以是站在客观立场反映厂家和商家情况的调查问卷。问题的设定尽量做到精细、全面。下面，我们列举一个对消费者的调研，以供各位读者参考。

（1）您知道哪些服装品牌（调查消费者对服装品牌的关注程度）？

（2）您是否经常购买某个品牌的服装（调查服装品牌是否也能形成稳固的顾客群体）？

（3）您认为以下条件在购买服装时哪一个要优先考虑？品牌、质量、用料、价格、款式（调查消费者的优先购买取向）。

（4）您经常到哪家商场（专卖店）购买服装（通过对消费者习惯性购买场所的调查，实现对消费群体的细分）？

（5）对一套秋冬装，您认为什么价位可以接受？150元以下、150～300元、300～600元、600元以上（调查消费者价格取向，作为制定自己价格策略的依据）。

（6）您可能在以下哪个时段购买服装？春节、双休日、一般节日、其他（调查购买行为是否具有时段性）。

（7）您认为现在服装设计和服装生产中存在的主要问题是什么（了解消费者的意见，以便使自己的设计更为合理）？

2. 观察、记录式

观察、记录式的市场调查形似，也很常用。下面，我们列举一个对某商场、专卖店的调研，以供各位读者参考。

（1）商场名称。

（2）商场环境分析：商场的档次、地理位置、交通便利程度、客流量，等等。

（3）服装品牌入住情况：统计国内外服装品牌有哪些在本商场销售及其销售情况。

（4）服装店面布置情况：布置的档次、色彩分布、总体风格等。

（5）消费群体分析：来本商场购买服装的消费者年龄、职务、购买能力，等等。

下面，我们再列举一个对某个品牌的调研，以供各位读者参考。

（1）服装品牌名称，服装产地。

（2）品牌的市场定位，本品牌消费适合的年龄层、销售地。

（3）风格定位。

（4）着装色彩定位。

（5）主要面料及面料的手感、面料是国产还是进口。

（6）服装主打款式和细节记录，细节包括是否有滚边、明线、双线、镶边以及拉链头造型、金属扣造型、其他装饰等。

（7）价格定位。

（8）消费者的意见。

以上调研情况汇总之后，设计师都要对其进行文字整理，形成完整的市场调研报告，设计构思时可作为参考。

## 二、流行资讯的收集

对于经验不够丰富的设计师而言，收集流行资讯是一项耗时耗力的工作。事实上，在收集流行资讯的过程中，设计师一直在根据自己看到的东西进行各种各样的构思。这个过程可能会因为设计师的经验不足而拖延太久，从而会对整个设计的进度产生较大影响。但是，日益老练的设计师慢慢能练就一身快刀斩乱麻的本领，从一大堆纷乱复杂的所谓流行讯息当中找到真正适合于自己的珍宝。收集资讯在设计师的工作中，正是创作的开始。流行资讯的收集，主要包括以下五个方面的内容。

## （一）街头人群的时髦穿着

城市里的街道人来人往，它是每个人的出发地和目的地之间的通道。一座城市总是有它最热闹和最时尚的街道，大都会尤其如此。

生活在其中的服装设计师都应该了解街道的秘密，对什么样的街道上会出现怎样的人群了如指掌。应该说，设计师就是职业的"城市街道行走者"。对于每一位设计师而言，逛街是一种工作需要，必须长时间在时髦人群出没的地点逗留。

设计师在观察街上人们的同时，眼睛在捕捉时尚的元素和焦点——有时候可能是来自时尚之都的最新款式，有时候可能是特别有创意的搭配方式。只要用心观察，街上的人群总能带给设计师惊喜。潮流就潜伏在面无表情的匆忙身影中间，设计师只需调动他的耐心和敏感，就能从中找到流行的线索和有价值的时尚信息。通过这样的方法得到的资讯通常比较直观、便于体会和理解，对指导设计师的创作具有十分重要的意义（图3-1-1）。

图3-1-1　街头人群的时髦穿着

## （二）独具特色的服装店

街边独具特色的服装店，也是一种流行资讯。很多时候，很多设计感很强的服装不一定出现在商场的品牌专柜上，它们会藏身于街角、路边的小店里，只对懂得欣赏它们的老顾客们展露风姿。这样的小店店主往往是些"大隐隐于市"的高人。他们天资聪颖、眼界开阔，对服装有着很高的悟性。由于种种原因，他们没有成为专业的服装设计师，但这不妨碍他们开一家有品位的服装小店，游历世界各地，收集些自己喜欢的独特服装回来，只和懂得他的忠实顾客交流穿衣之道。而将这些别致的服装穿出街的顾客往往会是街头最独特、最有型、最懂得打扮的人群之一。他们的穿着，也往往具有流行先锋性。很有可能下一个季节，他们的穿着就会成为流行。由此可见，各位设计师一定要尽力挖掘这些服装店（图3-1-2）。

图 3-1-2　路边独具特色的服装小店

## （三）街头报刊亭

其实，街头报刊亭里出售的各种时装杂志，也是很好的参考材料。我们在这里所说的杂志，是那种教普通人穿衣打扮的时装杂志。这些杂志会告诉你如何剖析巴黎和纽约天桥上的最新款式，找到它的时尚精髓，然后根据我们亚洲人的形体和偏好进行化解，最终穿出具有个人特质的时髦品位来。实际上，许多专业设计师不屑于这种杂志，但是大多数非专业的流行追逐者总是十分追捧它们。在这里，需要特别指出的一点是，这种针对非专业读者群的"穿衣手册"杂志，对专业设计师会产生很大的助益作用。它提供的信息可能不是最新的（往往到了夏天临近才告诉读者这个季节该穿什么，而针对专业读者的服装杂志会提前6个月甚至1年报告给你服装的流行动态）。但是，它对于消费者却具有不可想象的说服力，会在很大程度上影响其购衣决定，会在关键的时候教唆他们选择别人设计的可笑款式，而不是你设计的优雅服装。

### （四）权威或专业机构发布的流行趋势预测

法国首都巴黎每年都会举办两次"第一视觉展"。参展的大多是来自世界各地最具影响力的面料开发商和制造商。他们会在这个展上推广本公司最新研发的纤维或推出最新创意的面料。这些产品往往会领先于服装的流行一年到一年半。有实力的服装公司大都不会错过这个机会，组织公司相关人员前往参观。毕竟这是服装流行的源头——接下来一年到一年半的时间里，服装公司可以从容地把面料的流行转化为时装的流行。作为相关人员，服装设计师也有机会参观这样的面料展，这是他们把握流行趋势的大好机会。面料的流行趋势发布往往比较抽象，常常通过面料或者纱线的色彩、质感配合某种视觉化的意境图的方式让人们体会一种情绪、氛围或情感。设计师要利用他们超过常人的感性思维，以上述面料为载体，将这些抽象化的情绪、氛围或情感转化为具体的服装。面料的流行趋势是服装流行趋势的直接源头之一，前者指引了后者的潮流方向。

在面料流行趋势之外，还有专业发布服装流行趋势的机构。他们把工作人员安插在各个时尚中心城市，专门收集当地从穿衣吃饭到娱乐、从焦点话题到政治竞选等各种令人感兴趣的资讯，定期或不定期地汇总到机构总部，再由专门的分析人员对这些浩如烟海的资讯进行分析整理，从中找到共性的、带有趋势性的东西，并找出它与服装的可能关联，变成流行趋势发布出来。这类流行趋势是经过科学过程严密推导出来的，具有很高的参考价值。但是，它相对宏观，有时候距离具体的设计非常远。对于相对而言习惯关注日常微观事物的设计师而言，需要全面、深入的理解，才能发现适合本地、本品牌市场的讯息。

此外，全球五大时装中心巴黎、米兰、伦敦、纽约、东京每年定期举办的时装发布会，云集了世界上最耀眼、最有才华的设计师和他们最新的设计作品。国内外针对专业读者的时装报刊杂志、发布会秀场录像、通过卫星电视播放的时装节目、时装网站等，都会对此进行大力宣传。设计师可以借助这些媒介，来掌握服装的未来整体风格趋势。

### （五）其他时尚生活领域的最新潮流

隶属于专业流行资讯发布机构的工作人员，正在做其他时尚生活领域的最新潮流资讯的收集工作。然而，他们的成果并不总能恰好针对每位设计师的市场和品牌。实际上，他们提供的流行趋势是较为宏观的、为整体业界提供导向的。因此，针对自己面对的消费市场，设计师还得担当起本品牌的"流行趋势调查员"，关注当地的其他时尚领域。这些领域包括汽车、电子产品、文艺娱乐、饮食、健身美容等等，最便捷的方式就是看广告和生活消费类的报纸杂志。

### 三、面料信息的收集

除了流行资讯的收集以外，面料信息的收集也是十分重要的一环。面料对服装的重要性是不言而喻的，但许多人经常是埋头设计而不看是否有这种面料，结果设计了半天却因为找不到合适的面料而只好半途而废，这种例子在学生中出现的较多。我们应当学会平时就注意观察和认识面料，收集面料小样，经常分析它们能做什么类型的服装，以备完成设计任务。另外，不要错过参观面料展览的机会。面料展览一般是在成衣上市的一年前或半年前举办，这里面有着十分重要的流行信息，国内外都有这样的展览，作为服装设计师必须重视。国外的面料展览可以通过相关的报纸杂志得知信息，我们不但要对此特别关心，而且还要将其仔细分析整理。国内的面料展览应多参观，把参观作为一次学习的机会，并且参观时还要充分运用触摸、观察、与厂家交流等方法，了解面料的垂感、质感、手感、透明度，询问其纤维原料组成状况，观察面料的色彩、花纹构成情况等，总之了解得越详细越好。如果实在难于前去参观，通过报纸杂志了解其相关信息也是可以的，但是一定要把这些信息收集起来加以分析整理，使其转化为自己的知识，为自己所用（图3-1-3）。

图 3-1-3　不同服装的面料

### 四、资讯的分析

显然，收集资讯与信息是没有尽头的。因此，工作进行到一定阶段，不管做到怎样的程度都必须停止。根据自身品牌的市场定位、风格特点、目标消费者的品位爱好，对手头上现有的资料进行分析整理。

有些资讯是可以相互印证的，它们只是在用不同的方式陈述同一件事情或同一个观点，这能帮助你肯定趋势的方向；有些资讯具有指导作用，能帮助设计师筛选出其他资讯中真正有价值的部分；还有些资讯是能启发设计师灵感的，它们能帮助设计师创作出最好的作品。除此以外，还有些资讯像鸡肋，暂时看不出有什么用，但又觉得扔了可惜。对于这样的资讯，不同性格的人有不同的做法。有些人会毫不留情地扔掉它们，换得轻装上阵、施展手脚；有些人会暂时把它们搁置一边，其原因在于，在他们看来，尽管现在还看不出它们的用处，但也许将来在创作环节中才能发现其真正的价值所在。

无论如何，对收集的资讯进行分析整理是十分必要的，切忌在资讯的海洋中迷失方向。设计师这一职业极为强调主见，至于如何判断哪些资讯有用、哪些资讯没有用，是一个相当主观的事情，每个设计师都会有自己的倾向性和习惯做法。而且，经验丰富的设计师往往能看透本质，挖掘出具有价值的东西。

# 第二节　构思阶段

构思阶段，意味着设计师进入了正式的设计。服装设计的目的是为穿着者服务的，所以设计师在构思时绝不能脱离上述准备阶段所掌握的消费目标群信息，否则不会设计出很好的作品。

设计构思的灵感来源具有多样性特征，诸如一朵花、一栋高楼等身边的事物都可以成为设计师的灵感源泉；服装史中的某一个款式，工艺史中的某一种花布、某一种瓷器、花瓶等，设计师均可以从中得到灵感设计出新的服装。意大利设计师罗伯特·卡布奇在谈到他美妙的时装灵感来源时说："是在卡普里岛时，在宫殿的白墙上开放的巨大的九重葛的紫绿色前面……是兰圣彼得堡教堂听卡拉扬指挥的一场音乐会时……是在南非时，那是我的第一次照相狩猎，我看到一只巨大的彩鸟从黄赭色的风景上起飞……"。西班牙设计师巴伦夏加曾以西班牙的斗牛士为灵感，设计了斗牛式无纽短装、佛朗哥短裙。当今迪奥公司的继承人约翰·加里亚诺自1997年以来，一直从世界各国民族艺术、民俗风情中得到灵感，设计出了诸多高级时装，深受人们的喜爱。

当设计主题确定之后，款式的构想、色彩的选择、面料的寻觅就都应围绕这一主题开展。设计师在此时可以将平时收集的与本主题相关的形象资料与面料小样进行集中运用；如果自己的资料中还没有与本主题相关的，这时就要立即开始寻找和收集。当然，有一些国外的现成服装款式与我们的设想会有相似之处，可以拿过来经过分析、借鉴、修改、取舍，使其最后变成自己的知识，这属于继承型的构思方法。著名的设计师约翰·加里亚诺，也时常借鉴前人的设计，采用更换面料或对款式稍加修改的方法进行设计。需要注意的是，这样做的前提是这种面料必须符合设计主题，否则将无法运用。

# 第三节　提供设计概念阶段

如果我们的设计是为企业提供下一季的新款式，那么就应全面展示我们的设计概念。设计概念包括许多内容，如设计主题、色彩选择、面料小样、款式的基本廓形、效果图，等等。设计主题应与该企业的经营策略、该品牌追求的理念、想要塑造的形象、下一季的商品计划等相吻合。在选择展示设计概念的图纸时，应当注意纸的颜色和质感，它们也应与我们的设计主题相吻合。绘图的目的是将设计方案传达给对方，为此必须明确地表达形象，一般要求绘制实际的穿着效果，不必过于夸张，服装细部的特征不可含糊，各部位的尺寸要尽可能地标明。

在色彩的选择方面，也要注意不可脱离主题，而且要有基础色与点缀色之分，符合色彩运用的美学规律。面料自然以国内外流行面料为基础，选择与我们的设计主题相符合的小样，并组合在一起。绘制服装款式效果图时一定要精心，一方面要符合品牌的设计风格，如休闲服装就要有休闲的气氛，不可设计得过于庄重，同时还要讲究整幅效果图的艺术性和趣味性，使其充分体现出我们的设计能力和艺术水平，使绘制好的图能吸引人们的目光，使人们感到赏心悦目。

在这里，需要特别指出的是，对于服装设计学习者而言，在完成服装设计作业时，也应注意上述内容，这是走向工作岗位之前的演练，应当认真对待，不能马虎、敷衍；写设计主题或构思来源时，用词要通俗易懂，表达要清晰透彻，切忌抄袭、照搬杂志上的内容，因为这样对自己非常不负责任，不利于自己未来的发展。

# 第四节　结构设计阶段

结构设计阶段的任务在于，将服装设计款式的各个部位设计成平面的衣片纸样，使其组合起来后能体现款式设计意图，并且符合生产的要求，便于缝制。

日本著名设计师君岛一郎于 1989 年在上海中国纺织大学（现为东华大学）讲课时，直接用剪刀将模特身上的原型衣服，或扩展或收拢、或放宽或缩紧地剪开，以此演示服装的款式设计变化。这种不用纸和笔而直接用剪刀来进行服装设计的方法，充分说明了服装的款式是要以结构来体现的，如果结构设计进行得不够理想，那么缝制得再好也不会产生较为理想的服装造型。款式设计与结构设计是不可分的一个整体，它们相辅相成，最终共同实现设计构思。为此，初学者将服装款式设计与结构设计结合起来学习，这样一来，便能够达到每设计一个新款式都能为其设计出结构图的目的。

当代的服装企业往往聘有打板师，他们的工作就是专门做服装结构设计。他们在领会了款式设计师的构思之后，通过不同的方法把款式图变成"板型"，以供其在裁剪面料时应用。在许多人看来，打板师只是完成技术活，用不着什么艺术素质。但是做过打板师的人就有深切的体会，现代服装业的打板师和过去的裁缝可大不一样，今天对打板师的要求其实并不比款式设计师低，要想在打板领域里做到游刃有余，除了要有数理概念、逻辑思维以外，还必须要有艺术素质，会形象思维。其原因在于，随着人民生活质量的提高，人们的审美水平也日趋提高，于是对服装个性化的要求越来越高，要想满足人们对服装时装化、个性化、舒适化的要求，打板师必须有提供个性化服装板型的本事。显然，这是一件比较困难的事情。人体体表是一个凹凸不平的复杂表面，体内又有运动着的内脏器官和骨骼关节，它们随时都会让体表的形状产生微妙变化，这就使服装的结构设计在有些部位仅用数学公式做量的推算还无法表达得十分完美，必须借助创造性的形象思维，借助于想象、理解、和谐组合等自由的审美意识来完成。有些分割线的精练处理、省道转移的功能美化、破断的隐藏、褶皱量感的变化等，也必须依靠打板师对美的感受能力、丰富的艺术素养来处理。许多曲线、弧线不是依靠设立众多的坐标点连接起来产生的，而是依靠形象思维、个人对美的感受能力而徒手画出来的。可以说，这是衡量一个打板师是否称职的标准。

掌握各种面料的性能和造型感觉，也是打板师应该做到的，因为做到了这一点，才能根据不同的面料确定版型的尺寸。此外，打板师还应当十分了解服装的缝制工艺常识，以便确定衣片缝份的宽度，并能详细地填写缝制工艺规格单和缝制说明书。众所周知，当今社会的行业竞争十分激烈，服装行业也不例外。如果打板师不具备以上提及的本领，那么很难会有好的发展。

# 第五节　缝制工艺设计阶段

为使工人严格按要求缝制成衣，打板师必须提供缝制工艺规格单。该规格单中包含许多内容，如工艺流程、辅料要求、衬料要求、各处的缝制要求、熨烫要求等，这些都需要打板师详细注明。

对于初学者而言，应当学会自己设计的款式自己裁剪、自己缝制。在缝制之前一定不能心急，参考一下相关缝制服装的指导书，要学会先思考衣服的缝制顺序，这种顺序是以节约时间、操作便利为前提而制定的，在工厂里缝制顺序也叫做缝制工艺流程。比如，缝制一件带袖头（克夫）的衬衫，此袖头应当在袖口上安装好之后，再将袖子的袖山缝到袖窿上，而不能先把袖山与袖窿缝合了，再拎着整件衣服在袖口上缝合袖头，这样做不仅容易弄脏衣服，而且还有可能把衣服的其他部位压缝在下面，造成不必要的返工从而浪费时间。有的初学者急于求成，缝好衣片之后立即就想穿上它，于是也不锁边，或者连黏合衬也没熨烫就缝合衣片，这样做成的衣服肯定没有身骨不能挺括，这一切都说明了缝制工艺设计是服装设计极为重要的最后环节。

总而言之，设计师要想实现自己的设计，就必须多加思考。先设计好详细的缝制工艺流程，然后有条不紊地精心缝制。只有做到这些，才能保证服装设计的品质。

# 第四章　服装设计的创造性思维

服装既属于物质文化领域，又属于精神文化范畴，它是艺术和技术的结合、是科学和艺术的融汇、是实用和审美的统一。服装除了应有的功能性之外，还具有满足人类感官需求的审美性。一部服装发展史，实际上就是服装艺术和技术的创造史。因此，服装设计是一个复杂的思维过程。换句话来讲，服装的艺术创造既需要形象思维又需要抽象思维，既需要想象力，又不能脱离包装人体、制作工艺这些现实条件的制约以及市场的检验。因此，作为服装设计师，首先应当具有正确的设计观——是设计而不是抄袭或一味地模仿，这就需要具有高度的想象力和创造力，能够掌握发散思维与辐合思维结合的方法。同时要懂得服装的商品性、实用性，了解抽象思维的内涵进而掌握抽象思维的方法，如此才能创造出实用而新颖的服装产品。

对于服装设计师而言，具有创造性思维十分重要。本章主要围绕服装设计的创造性思维进行具体阐述，内容包括思维的起源、逻辑思维、想象思维、推理思维、逆向思维、发散思维以及辐合思维。

## 第一节　思维的起源

灵感，就是思维的起源。它是不可捉摸、不可控制的，人们只能感知它。灵感是创作的先知，艺术的灵魂，是艺术家脑中的"化学反应"。这就对设计师提出了一个很高的要求，即要比常人更加敏感，接收和转化无限的信息，感知事物内在最细微的差别。

实际上，灵感并不是凭空出现的，它有着一副"神秘缥缈的面纱"，许多人处于可望而不可及的状态。而且，灵感不是偶然而孤立的，它源于设计师的信息积累和专业素养。设计师只有具备广泛的信息面和天赋，才有可能产生完美的灵感。

我们应以发散性的思维辐射整个"浩瀚宇宙"。一方面，知识的广泛性，能够使我们较好地克服逻辑思维的片面性。另一方面，由于事物之间都是普遍联系的，这就可以让不同领域的知识从不同的角度丰富本专业的内涵：绘画、摄影、雕塑、舞蹈、音乐、戏剧、电影、诗歌、小说、建筑、科学技术，等等。不容置疑的是，任何领域的知识，都有可能成为触动灵感的点，再由设计师提炼升华，通过想象将造型重新构造，便产生了各种各样的作品。

儿时的记忆，都存在于我们每个人的心中。这份记忆是刻骨铭心、难以忘怀的，而且新鲜活泼。孩童的世界里，没有太多的思维束缚框架，这也就有了长着翅膀的白马，晶莹剔透海洋里美丽的美人鱼以及各种怪诞有趣的画面，创造力在无拘无束的想象力的带动下萌芽。但是，随着时间的推移，时光带走了孩童的稚气，现实带走了曾经精彩纷呈的无限想象力。没有了天马行空的无限想象力，创作就失去了"飞翔的翅膀"，也失去了最鲜活的色彩，最打动人心的力量和激情。我们首先要找寻曾经无所不能的虚拟世界，我们要用孩童般纯净的心灵发挥想象力。

有时，创作会给我们带来迷茫，有时会给我们带来惊喜，有时是动手时刹那间的惊诧，有时却是冥冥之中注定的结果。无所谓某种逻辑或潜藏而至的章法，但又让人意识到与某种潜意识或心灵的密码存在十分紧密的关系。自己也很难琢磨出自己下一步的惊愕将于什么样的情形下出现。与其说这种感觉让人琢磨不定、虚无缥缈，不如说那是某种情形下的必然，使你在不断挣扎和把握中慢慢确立起自己的信心与想法，进而发挥出天才般的想象力。

# 第二节　逻辑思维和想象思维

在上文中，我们对思维的起源做出了一番探讨，想必每位读者对这部分内容已经有了更加深入的认识。下面，我们主要围绕逻辑思维与想象思维进行具体阐述。

## 一、逻辑思维

逻辑思维又称抽象思维，它不是以事物的形象为基础，而是以客观世界的规律、共性与本质为内容的思维活动。由此，我们不难看出，逻辑思维是形象思维的基础与前提。经过长期的分析与研究，我们对服装设计的逻辑思维做出了总结，主要归纳为四个方面，具体如下。

### （一）人的因素

我们都清楚，服装的服务对象是人，所以服装设计师必须首先从了解人体构造、人体比例、人体生理、心理对服装的要求进行思考，这也是服装品牌、服装设计如何定位的问题。服装的定位是多方面的，如年龄段定位、性别定位、消费层次定位、销售区域定位、服装种类定位、价格定位等。这些因素会对服装设计的清晰度、精确度以及设计的品位问题产生直接影响，需引起我们的重视。

### （二）社会、环境因素

服装设计的社会因素包括国家的政治氛围、经济发展、文化传统等状况。设计师只有熟悉这些因素，才能对设计的针对性有进一步的掌握。

环境因素是指地理、气候等条件对服装的影响和需求，如我国青藏高原常年气温较低，而且十分缺水交通不便，为生活在高原地区的居民设计服装和为海边居民设计服装，其款式、选料就会截然不同。由此，我们不难看出，设计师只有深入了解地理、气候等环境因素，才能做到心中有数，否则不会设计出很好的作品。

### （三）经济实用因素

经济实用因素包括服装的成本价格、盈利核算，以及服装的功能性、舒适性等多方面。在竞争十分激烈的大环境中，降低服装的制作成本是至关重要的，设计师应将成本作为重要的思维因素，为自己的设计限定成本，然后再在这一限定下发挥自己的创造力。

### （四）生产因素

设计师必须要在服装设计的过程中，考虑到后续的生产制作环节，如符合服装的工业裁剪、工业制衣规律等。成衣最终是要靠机械设备和工艺技术制作出来的，而不是画出来的，因此设计师必须从工业制衣的规律出发，让自己的设计思维自觉地接受生产因素的束缚，在这一束缚中发挥想象力，避免想象的过分随意。

## 二、想象思维

在创作中，想象思维是不可或缺的一个因素。想象是创造性活动的源泉，艺术家的创作就更需要想象思维。例如，印象派代表人和创始人之一的法国画家莫奈，他完全颠覆了西方以往的古典艺术和客观写实艺术。印象派绘画是西方绘画史上划时代的艺术流派，19世纪七八十年代达到了它的鼎盛时期，其影响遍及欧洲，并逐渐传播到世界各地。通过分析这个例子，我们不难看出，新思维引出新流派，这种思想的彻底革新与人类的想象力息息相关。

如图4-2-1所示，凌雅丽于2006年创作了一个作品——龙凌赫镞一戊申阁。当时，她在随意涂鸦抽象骨骼的基础上进行的进一步构思，然后思考这些抽象的骨骼中隐藏的错综复杂的异形建筑。用装饰的点、线、面将它们合理地"填充"到画面中不同的骨骼当中，形成极具装饰风格的建筑群落。

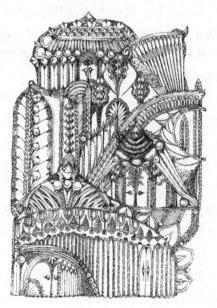

图4-2-1　龙凌赫镞一戊申阁

想象思维是发散性思维，联想思维、同构思维、解构思维等思维方式，也与之相近。

从心理学的角度来讲，想象是指在知觉材料的基础上，经过新的加工而创造出新形象的心理过程，对于不在眼前的事物要想出它的具体形象。想象是比联想更为复杂的一种心理活动，这种心理活动能在原有感性的基础上创造出新的形象，这些新形象是在已积累的知觉材料上经加工改造形成的。人们虽然能想象从未感知过的、实际上并不存在的事物，但想象归根到底还是源于客观现实，它能有力地推动我们的创造性思维。在创作阶段的初期，创作主体在思维中一旦确认了创作依附的载体，创作思维通过观察、搜集众多与设计相关的表象，进行选择、比较、归纳、提炼。这个过程是创作主体思维的高度凝聚、浓缩的过程。现代心理学认为人的潜意识在人的形象思维中发挥着积极的作用，特别在接收、加工、储蓄、处理信息上。想象力则是意识与潜意识之间的桥梁。由此，我们不难看出，这个过程也是直觉与灵感、意识与潜意识随意交融达到忘我境界的过程，这一点比较重要，值得引起重视。

联想，是创意的关键，是形成设计作品的基础。它是指由某事某物而想起其他相关的事物。客观事物之间是通过各种方式相互联系的，这种联系正是联想的桥梁，通过这座桥梁，可以找出表面上毫无关系，甚至相隔甚远的事物之间的内在关联性，这一点是毋庸置疑的。联想分为许多种，如接近联想、类似联想、对比联想、因果联想等等。通过联想，可以开拓创意思维的天地、打开创意思维的通道，使无形的思想向有形的图像转化，从而使新的形象开创出来。

同构，是将不同的形象素材整合成新的形象，必须要有先决条件，就是它们之间应有可整合的共性，多层次、多角度地想象它们在最佳状态下的共性体现，这样一来，便能够做到以形达意，以意决胜。

解构，由联想与想象得到的意念，最终以视觉形象传递一个完整的概念，意形的转化是形象素材的寻找、收集、整理，也是寻找创意的过程。其方法在于，先将与主题相关的素材进行分解，然后选择其中最具代表性的元素以及最生动的造型进行整合。

显而易见，创造性思想为图形创意提供了广阔的创作空间。图形创意的过程，可以说是运用视觉形象进行创造的过程。由于设计师的生活经历、艺术修养，以及创作对象的不同，图形创意的表现手法也丰富多彩。丰富的想象与联想给图形创意开拓了思维的空间，也给图形的表现带来了无限的可能。可见，想象与联想是多么的重要。

## 第三节　推理性思维和逆向思维

在上文中，我们对逻辑思维与想象思维做出了一番探讨，想必每位读者对这部分内容已经有了更加深入的认识。下面，我们对推理性思维与逆向思维进行具体阐述。

## 一、推理性思维

推理性设计思维，是一种能将创作层层深入的有效的思维途径。艺术创作追求的是一种前所未有的创新，除了艺术家、设计师个体的艺术修养和知识体系外，还需要一种天才一般不同于旁人的逻辑思维体系。拥有这样的特性，那么这些与常人交差的思维逻辑在创新的方面便具备很大的优势。比如，日本的当代艺术家草间弥生就是一个不疯魔不成活的极端艺术家，她的思绪处在疯魔与清醒之间。但这样的例子不太常见，我们需要推行的是具有一定艺术修养和设计感觉的艺术创作者也能源源不断设计出绝对创新的有设计品质的作品来，那么用推理性的逻辑思维方式去创作作品就相对能够更好地"逃离"常规的想象思维空间的束缚。

我们用达尔文的进化论来说明推理性逻辑思维的可行性分析，地球上生物进化的步调是渐变式和跃变式交替进行的。远古时期至今的生物进化正是通过遗传、变异和自然选择，从低级到高级，从简单到复杂，种类由少到多地进化着、发展着，直到今天地球上有数不清的物种和丰富的自然生态圈。但物种的不断变异是经过一段极为漫长的岁月慢慢形成的，世界的许多原理都是相通的，那么我们可以把创作的过程比拟成物种的进化，通过渐渐递进的方式层层进化深入。

比如，第十届全国美术作品展参展作品《紫原戊彩》，其材质肌理造型的创作过程是：从最初第一张的简易鳞片通过微变的构成方式慢慢发散出丰富的造型语言。一推二、二推三，推到第十步的时候，一般情况下造型会有一次质的飞跃。包括最初的主题和概念也有可能跨越到更新的方向或者融入更丰富的内容，甚至主题性的重新颠覆，等等。相信一个普通的学生30步推理思维的转折性思考后的结果，哪怕是一个天才也无法用一步想象就能够超越。可以说，这样的作品在新颖性和厚实感方面都会达到比较高的水平。

推理性的思维推进，是一种深入改造作品创作的好方法。其强项在于，不一定要具备十足的先决条件，完全可以通过递进式的判断深入完善作品，并且是一种理性的创新机制。这种方式还可以复杂化运用，那么想象的空间会变得更加开阔。例如设定一个主题开始创作，从最初的草稿开始：第一步面对最粗略的草稿进行思考联想，将草图用不限制的方式制作成实物作品。第二步我们可以对着实物的作品进行进一步的色彩描绘，工具不限。而这种写生仍然需要伴随着进一步的思考和联想，甚至对客观色彩进行优化和改造。这时，与最初的草稿相比较而言，完成的第二步设计稿会产生质变，然后第三步的制作环节又开始了。这样循环几轮下来的作品也会有意想不到的巨大变化，这种推理递进更为复杂，但也给设计者提供了更大的启发。

## 二、逆向思维

逆向思维，是一种反叛性的思维方法。在艺术设计过程中，逆向思维法以有意识的、科学的、有目的的强制性的思维方式完成设计。通过逆向思维方法，将思维不停地从逆和反两个方向延伸，冲破传统习惯模式的禁锢。从批判否定的方面，打开创造性思维的大门，步入新的创造思维空间。英国当代著名艺术理论家贡布里曾明确指出："当来自外界的刺激与我们的预期相符合时（即秩序感强），则信息量小，我们的注意力易松懈；不符合时（即非秩序），则信息量大，我们的注意力易集中。"鲁道夫·阿恩海姆在其著作《艺术心理学》一书中也指出："如果有某种特定的需要，无秩序也可以是吸引人、诱惑人的。它提供了一种天然不规则的自由形式，而且本身就是对组织严密化之受害者的一种慰藉和解脱。"就是说打破事物固有的秩序，可以提高事物的新颖度，更能引起人的注意，从而使作品视觉焦点得到很大程度上的增强。

逆向思维的这种反叛艺术创作的源泉来自于生活，是创造性思维的典型形式，集中体现了创造性思维的独特性、批判性与反常规性。从事物矛盾双方的关联性来讲，它是指从一种现象的正面想到它的反面或按照相反的方向行事，找准事物的对立面并以此为基点展开构思的方法。逆向思维的基本思路是：思维作反方向运动，采取与通常思考问题相反的逻辑，把对事物的思考顺序反过来，突破常规进行思考，将思考推向深层，将头脑中的创意概念挖掘出来。

实际上，每个人都能做到自由想象和创造。只不过普通的人是用梦境来满足自己的浪漫和想象，是一种独享的满足。艺术家则是用不同的艺术形式来表达自己的梦境，把梦境似的自由想象（虚幻的、叛逆的）变成现实的作品。特别是现代艺术家对艺术创作更要持反判态度，敢于挑战权威和秩序，超越自然，超越解剖，超越法则和规律。对于客观世界的一切持怀疑态度和反叛精神，如现在出现的个性化、非主流等。正是因为反叛的逆向思维，创立了一个多元的世界。虽然这种反叛理念刚生成时，会给人们带来很多困难和问题，但是只要对这些困难和问题不断地进行阐释、梳理和接受，就会冲破传统，从而产生新的思想、新的规则秩序。

逆向思维对于设计师而言，是十分重要的。其原因在于，如果没有逆向思维，那么就很难产生艺术创新。可以说，逆向思维对于艺术设计领域的创新意识表现出神奇的作用。在现实生活中，当同方向、同角度的思维达到极限时，事物的发展自然就向相反方向逆转，这是事物发展的必然规律。在现代服装领域中，国际时装流行趋势也存在着这种反叛流行的同期规律。当服装流行"长"到一定程度的时候，"短"便成了一种新的时尚；而当"短"达到极限时，又会向"长"的方向转化。所以服装的流行趋势也是从长到短，再从短到长；由小到大，再由大到小；由松到紧，再由紧到松；由性感到传统，再由传统到性感。这样反复不停地向两个极端转化的过程，由此形成了流行时尚周期的波形图，通过波形图可以预测现在和未来的流行变化趋势，把握市场和消费的新动向。作为一名服装设计者要从不同角度进行逆向否定的设计创意，延伸自由创意思维空间，从而使思维变得更加宏观、顺畅、敏捷。

总之，逆向思维方法能够为设计者带来许多益处，有利于彻底打破习惯思维，传统的思维模式以及知识、经验带来的思维制约，能在很大程度上开拓其思维的创造力。

# 第四节　发散思维和辐合思维

发散思维又称求异思维，是创造性思维的主要成分，强调的是放开思路。辐合思维是将发散思维的结果做一个综合分析，最后保留一个符合需要的创新方案。也可以说发散思维是提出问题，辐合思维是解决问题。下面，我们主要围绕这两种思维进行具体阐述。

## 一、发散思维

以大脑作为思维的中心点，四周是无穷大且任你想象的立体思维空间，你应当突破常规、克服心理定势，举一反三、触类旁通，把思路向外扩散，形成一个发散的网络，从多方面、多角度、多层次进行思维，将自己头脑中的记忆表象加以拆分、解构、重组、取舍，形成新的思维焦点，从而产生新的服装设计思路。

经过长期的分析与研究，我们对发散思维的方法做出了总结，主要归纳为六种，具体如下。

**（一）加减法**

加减法是对原型简化或复杂化的一种方法。下面，我们主要围绕这部分内容进行具体阐述。

1. 将原型复杂化

下面，我们主要围绕几个将原型复杂化的优秀服装设计实例进行具体赏析。

图4-4-1中的服装，用的是将原型复杂化的方法。该服装的原型是一件简单的无领上衣，经过复杂化设计，将整件衣服的两块面料改为条状反斜向折叠连缀缝合的方法，使白条面料在下，上面覆盖着印有小白圈纹样的藏青色条装面料。这样一来，便使得原本极为单调的原型增加了明显的层次变化，使服装构思更加具有趣味性。

**图4-4-1　将原型复杂化的设计实例（一）**

图4-4-2中的服装也是运用加减法的优秀案例。这是一件低V领薄纱贴身连衣裙，设计师在裙下方面料上，有规律地缝缀了多层浅灰色菱形小块纱料，这使原本简洁的连衣裙复杂化了，着装者走动起来，多层小块纱料上、下、左、右飘动，增加了整个服装的灵动感。

图4-4-3中的服装是在用料、色彩、款式等方面对原型的加法构思设计。上衣的左右前片面料、色彩各异，两肩分别加了多层荷叶边。两条裤腿的设计也不相同，右裤腿相比左裤腿点缀了许多长短不一的缎带绸条。显而易见，这种设计使服装的妩媚、田园情调有所增加。

图4-4-2　将原型复杂化的设计实例（二）　图4-4-3　将原型复杂化的设计实例（三）

2. 将原型简化

除了将原型复杂化的方法以外，还有将原型简化的方法。下面，我们主要围绕将原型简化的优秀服装设计实例进行具体赏析。

图4-4-4中的服装，用的是将原型简化的方法。设计师将上衣的右胸部分减掉露出乳房，下摆上提露出肚脐，吊带采用皮质面料和金属环相连。这一设计加上模特棒球运动员的装扮，使服装的粗犷感得到了显著的增强，更加吸引人们的目光。

图4-4-4　将原型简化的设计实例

### （二）变更法

变更法是对原有服装的某一局部加以变更，如改变材质、改变加工方法、改变配件等的构思。下面，我们主要围绕采用变更法的优秀服装设计实例进行具体赏析。

图4-4-5中的服装是改变服装局部材质的设计构思。黑地印有土黄条纹面料的上衣，将其左袖上部和左胸部的部分面料换成与裤子色彩相同的薄型材料，使得整个服装会给人产生一种怪异的感觉，其构思绝对奇妙。

通过分析图4-4-6，我们不难看出，该服装原本十分简单的黑色手工钩花连衣裙，将身体左半部的材料变更为红色梭织闪光悬垂面料，腰部以绳带系结固定。这一变换，使其产生了色彩的诱惑力，与此同时，还使面料的层次感得到了丰富。

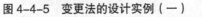

图4-4-5 变更法的设计实例（一）　　图4-4-6 变更法的设计实例（二）

### （三）逆向法

逆向法是把原有事物放在反面或对立的位置上，寻求异化和突变结果的设计方法。下面，我们主要围绕采用逆向法的优秀服装设计实例进行具体赏析。

通过分析图4-4-7，我们不难看出，该服装就是将原来实用的拉链改为装饰用的拉链，铜拉链的坚实性与薄型面料的柔软性形成了强烈对比，使该服装的个性凸显出来。

通过分析图4-4-8，我们不难看出，该礼服是将原来在颈部的翻驳领降低到腰间、斜挎至左臂。毋庸置疑，这是结构变化的绝妙设计，值得我们借鉴与学习。

图 4-4-7　逆向法的设计实例（一）　　　图 4-4-8　逆向法的设计实例（二）

## （四）极限法

所谓极限法，就是将对象极度夸张，使其达到极限。如采用大的更大小的更小、长的更长短的更短、厚的更厚薄的更薄、粗的更粗细的更细、宽的更宽窄的更窄、松的更松紧的更紧等变形手法在面料、造型中的变化极限，以及冷的更冷暖的更暖、明的更明暗的更暗等在色彩中的变化极限，形成服装设计的强烈的形式美对比。下面，我们主要围绕采用极限法的优秀服装设计实例进行具体赏析。

图 4-4-9 中的服装表现了长与短、精致与破碎的极限对比。多节裙的前片超短，后片却长至曳地；上身的棒针针织衫不但粗犷，而且有不规则的撕裂破洞，下身的节裙却是滑爽的丝绸，显得分外精美。这种设计理念使原本单一的铁灰色上下装产生了戏剧性的变化，达到了极佳的设计效果。

图 4-4-9　极限法的设计实例（一）

图 4-4-10 中的白色礼服上，缀有极大和极小的白色花朵。显而易见，大与小的对比使礼服的趣味性得到了增加。

图 4-4-10　极限法的设计实例（二）

图 4-4-11 中的服装是运用破到极限的设计手法。设计师从乞丐的破衣烂衫中得到灵感，在服装设计时用珍珠、彩石、绉纱和绳带相组合，表现了现代人极端的个性化倾向。

图 4-4-11　极限法的设计实例（三）

## （五）组合法

组合法包括功能方面的组合，如衣服与帽子组合成连帽衣、裤子与内裤组合成连裤袜,等等;题材方面的组合,如传统与现代、经典与前卫、东方与西方、民族与国际、夏季与冬季等打散后重新组合、复合、移动,等等;款式方面的组合,如裙子与裤子组合成裙裤,等等。下面,我们主要围绕采用组合法的优秀服装设计实例进行具体赏析。

图4-4-12中的服装是东方与西方服装造型方面的结合实例。设计师将东方服装中的立领、盘扣元素,运用到了西式服装的款式之中。

通过分析4-4-13,我们不难看出,该服装是现代化的西方服装造型点缀上了传统的东方纹样。

通过分析4-4-14,我们可以发现,该服装是美国的牛仔裤上绣着阿拉伯地区的民族纹样。

图4-4-15中的服装,西方的礼服造型,掺和了东方的立领与装扮,以及东方人惯用的强烈对比色。

图4-4-12 组合法的设计实例(一)

图4-4-13 组合法的设计实例(二)

图4-4-14 组合法的设计实例(三)

图4-4-15 组合法的设计实例(四)

总而言之，这些东西方服装元素的融会、现代与传统理念的结合实例，在历年的国际时装秀中不胜枚举。由此，我们不难看出，组合法的运用是当代服装设计获得成功的关键。

## （六）联想法

联想法是将生活中观察到的各种客观事物，直接或间接地联想到设计之中的方法。人类科技的仿生构思就是联想的结果，直升机是模仿蜻蜓的造型和特征创造出来的，鱼雷的外形是从鱼造型联想而来的。在服装方面，欧洲十八世纪的燕尾服、中国清朝时期的马蹄袖，以及现代人的鸭舌帽、蝙蝠袖、螺旋裙等等，都是运用联想法的产物。下面，我们主要围绕采用联想法的优秀服装设计实例进行具体赏析。

图4-4-16中的服装是设计师将时装联想成黑天鹅的实例。从图中可以看出左右蝙蝠袖是黑天鹅的翅膀，前中心下方用肉色的纱织物映衬着天鹅的头部。

图4-4-17中的服装，蝴蝶翅膀作上衣，将其翅膀向外张开。同时这件时装也是在材料上的联想，设计师将加工木材时产生的爆花联想成做时装的材料，以薄型的雕花木片做成了外卷的翅膀。这样巧妙的构思，确实令人惊叹。

图4-4-16　联想法的设计实例（一）　　图4-4-17　联想法的设计实例（二）

图4-4-18中的服装看上去十分简单，却显示着朴素的联想。就像安装电话或宽带网时随便放在地上的电缆、电线，有整捆的也有松散的，那整捆的做成衣服的前后身，那零散的就随意搭在肩上，这一联想构思也令人拍案叫绝。

**图 4-4-18　联想法的设计实例（三）**

图 4-4-19 中的服装也很明显是从围棋得到的灵感，只是设计师丰富了棋子的色彩，并将其安置在极为透明的纱上，这样设计出来"围棋"要比现实中的围棋本身要玲珑剔透得多。

图 4-4-20 中的服装从色彩到纹样，以及超级造型的领部、参差不齐的下摆等元素，一看就知道服装是从火焰联想而来的。

**图 4-4-19　联想法的设计实例（四）**　　**图 4-4-20　联想法的设计实例（五）**

不仅服装款式设计需要发散思维，结构设计同样需要从其他事物中加以联想和想象。衣服是一块面料通过结构设计从平面到立体的一种变换，而且同样的穿着目的却可以有完全不同的裁制方法。我们分析其他所有的包装物，都可以观察到立体与平面、线和点的关系：例如一只柑橘本身的包装物是柑橘皮，剥皮的方法可以将其纵向切成四块，剥展成四个橄榄球形的平面；也可以沿着圆周横向连续地剥皮，此时柑橘皮就被分解成一条带状；如若让孩子剥皮，他会剥成许多点状的断残皮片。由此我们就可以得到一种点、线、面与球体的关系。另外，动手拆开不同的包装盒或包装箱，我们看到同样是立体形．牙膏盒、香皂盒与苹果箱的结构就不太一样，这是又一种平面与立体关系的启发。设计师应多从身边的事物中思考、分析点、线、面与立体之间的相互转换，可以进一步为衣服的新构成法找到突破口。

## 二、辐合思维

在本节内容中，除了发散思维以外，还有一点需要我们在这里进行具体探讨，即辐合思维。下面，我们主要围绕这部分内容进行具体阐述。

在发散思维产生多种思路之后，需再集中从面料的可行性、款式的需求性、时尚的流行性等方面进行整合性的辐合思维，最后发展和确认出一种成熟的设计方案。

在进行发散思维时，可能有多种信息和思路一同涌现在设计师的脑海中，有合理的也有不合理的，有正确的也有荒谬的。显然，这些信息和思路很可能是杂乱的、无序的，朦胧状态的，而正确的结论只有经过逐个的鉴别、筛选才能得出。这时，就需要发散思维与辐合思维相结合，用集中思维的方式抓住几个可行的思路，再给予补充、修正，不断深入整合，渐渐理出头绪。辐合思维又称集中思维，它以发散思维为基础，对发散思维提出的各种设想进行筛选、评判、确认。毋庸置疑，选择就是它的核心，故而选择也是创造的一种。

# 第五章 服装设计形式美法则的运用

美对于每个人来说，都是一种精神追求。当你接触任何一件有存在一价值的事物时，它必定具备合乎逻辑的内容和形式。然而单从形式方面来评价某一事物或某一视觉形象时，对于美或丑的感觉在大多数人中间存在着一种基本相通的共识。这种共识是从人们长期生产、生活实践中积累的，它的依据就是客观存在的美的形式法则，我们称之为形式美原理。如今，该原理已成为每位设计师必须掌握的知识。

服装设计整体美感的产生与形式，离不开服装构成的形式美法则。本章主要围绕服装设计形式美法则的运用进行具体阐述，内容包括实用和审美的统一，美的形式法则及其在服装形态研究方面的运用。

## 第一节 实用和审美的统一

众所周知，人类的生存基本需求为"衣、食、住、行"，其中，居于首要地位的就是"衣"。显而易见，服装对于人类而言具有十分重要的意义与作用。经过长期的分析与研究，我们对服装的作用做出了总结，主要归纳为两个方面，具体如下。

（1）服装起着使我们的身体免受寒冷以及防止日晒雨淋的作用。

（2）服装起到"遮羞"的作用。

我们都知道，服装是人们用于穿着的附属品，必须与人们的基本要求相适应。由此，我们不难看出，服装必须实用，且价格能使人们承受，即"物美价廉"。

格罗彼乌斯曾在他撰写的著作《包豪斯产品的原则》一文中对产品首先应当具备的经济实用性原则做了论述，"首先要研究它的本质：因为它必须绝对地为它的目的服务，换句话说，要满足它的实际功能，应该是耐用的、便宜的，而且是'美'的。这种对物体本质的探索，是通过全面考虑现代的制作工艺方法、结构以及材料，从而产生形式"。

随着时代的进步，社会的变迁，人们对服装的要求提高了许多，不仅仅以实用为唯一功能，更对其外观有了更高的要求，希望服装能够更加漂亮，这样一来，便出现了服装设计。所以，随着生活质量的提高，服装的效用功能性[①]也日趋增加。

现代主义设计师提出"形式服从功能"的观点很好地说明了服装的功能和效用原则在现代生活中的重要性，背离功能美的服装难以有真正意义上的长久生命力的审美形态，由此可见，实用功能和审美功能最终必须走向统一。

# 第二节　美的形式法则

在上文中，我们对服装实用和审美的统一做出了一番探讨，想必每位读者对这部分内容已经有了更加深入的认识。下面，我们主要围绕美的形式法则进行具体阐述。

所谓美是在有统一感、有秩序感的情况下产生的。统一和秩序是美的最重要的条件，当我们把美的内容和目的除外，只研究美的形式的评价标准时，那么，美的原理就是"美的形式原理"。

服装的形式美就是指服装的外观美，主要体现于服装的款式构成、服装色彩的科学配置以及材料的合理使用等。实际上，使人感到美的服装，具有一定的规律，相关学者表明，有几种规律能使人得到审美体验，如图 5-2-1 所示。

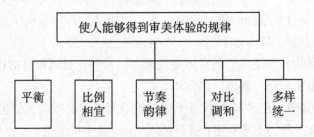

**图 5-2-1　使人能够得到审美体验的规律**

在此基础之上，我们把形式美的法则做出了总结，主要归纳为以下几个方面。

---

[①]　服装效用功能性是指人们使用服装功能性的变化，如内衣的透气性和吸湿性、外套的防风性、宇航服装的抗辐射性，以及服装材料与人体皮肤接触的舒适性、服装与外部环境的热交换性、服装的卫生性，等等。

（1）反复。同一事物的重复或交替出现即为反复。

（2）对称。从构成的角度来看，对称是指图形或物体的对称轴两侧或中心点的四周在大小、形状和排列组合上具有一一对应的关系。对称是服装造型中最常用的也是最普遍的一种形式法则。

（3）调和。事物中存在的几种构成要素之间在质和量上均保持一种秩序上的关系，这种状态我们称之为调和。在服装设计中，调和主要是指各个构成要素之间在形态上的统一和排列组合上的秩序感。

（4）夸张。夸张是运用丰富的想象力来扩大事物本身的特征，以增强其表达效果的一种手法。

（5）视错。现实生活中我们常常有这样的体验，无数条密集排列的线形成了面，横格使之宽阔，竖条使之窄长，胖人显得矮，瘦人显得高等等，这些都是我们视觉中的错觉现象，一般简称为视错。

（6）比例。一般意义上讲，比例是指整体与局部、局部与局部之间，通过面积、长度、轻重等的质与量的差别所产生的平衡关系，当这种关系处于平衡状态时，即会产生美的视觉感受。

（7）节奏。节奏是一切事物内在的最基本的运动形式。节奏主要是表现音乐、舞蹈、体育等时间性的艺术现象，故将此称之为时间性的节奏。在视觉艺术形式中，如绘画、雕塑、艺术设计、书法艺术等是具有空间的形式和特征的，被称之为空间性的节奏。形式美予以人们形象的直觉，而这种直觉主要体现为节奏，它能唤起人们情感的共鸣。

（8）对比。这是将两种不同的事物对置时形成的一种直观效果。

（9）均衡。均衡是指图形中轴线两侧或中心点四周的形态的大小、疏密、虚实等虽不能重合，但以变换位置、调整空间、改变面积等取得整体视觉上量感的平衡。

# 第三节　美的形式法则在服装形态研究方面的运用

在上文中，我们对美的形式法则做出了大致阐述，想必每位读者对这部分内容已经有了更加深入的认识。下面，我们对美的形式法则在服装形态研究方面的运用进行具体阐述，内容包括三个方面。

## 一、形式美法则的运用

下面，我们主要围绕形式美法则的运用进行具体阐述，内容包括九个方面。

### （一）反复的运用

在服装造型中，反复是款式构成的一大因素，如同一面料或图案纹样的交替出现，同一色彩在不同部位的重复利用等，均能够使设计效果达到较高水平，但是，我们必须在这里强调一点，即反复的间隔和频率不能太近或太远，否则会显得单调、松散。

图 5-3-1 为瓦伦蒂诺的晚装。通过分析该图，我们不难看出，他反复运用同一种形态强化了该服装的审美感受。如图 5-3-2 所示，运用同一装饰要素的反复，使服装与环境产生了整体统一的美感。

图 5-3-1　瓦伦蒂诺的晚装　　　　图 5-3-2　反复的运用

### （二）对称的运用

对称是造型艺术的最基本的构成形式，其运用十分广泛，如器皿（青铜器、漆器等），图案（织物图案、建筑图案、器皿图案等），文字（行书、篆书、隶书等）及诗词等，其中均体现了对称的形式美感。

在服装款式构成中，对称形式通常表现为三种，具体如下。

#### 1. 左右对称

由于人的体形是左右对称的，所以衣服的最基本形态也多采用左右对称的形式。虽然从视觉的角度上来讲，这种左右对称显得有些呆板，但由于人体总是处于运动状态之中，所以这种呆板就被弥补了（图5-3-3）。

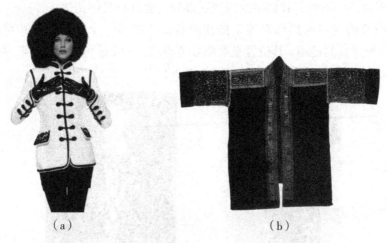

（a）　　　　　　　　　　　　（b）

图 5-3-3　左右对称的运用

2. 回转对称

在对称形式中，可将图形对称轴某侧的形态反方向排列组合，这样便可突破过于平稳的格局，而富于变化。通常，这种回转对称的形式是利用服装的结构和面料图案处理或装饰点缀等来实现的（图5-3-4）。

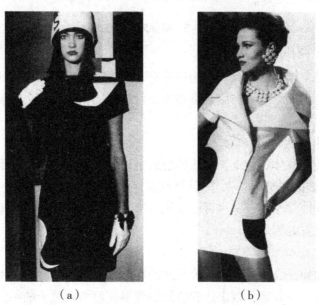

（a）　　　　　　　　　　　　（b）

图 5-3-4　回转对称的运用

### 3.局部对称

除了以上两种对称以外，还有一种对称需要我们在这里进行具体探讨，即局部对称。下面，我们主要围绕这部分内容进行具体阐述。

服装构成中的局部对称是指在服装整体的某一个局部采取对称的形式。这种形式的运用，其位置是要精心考虑的，一般是在肩部、胸部、腰部、袖子或利用服饰配件来完成的（图5-3-5）。

（a）　　　　　　　　　　　（b）

图5-3-5　局部对称的应用

## （三）调和的运用

服装是立体的形态，其结构如果缺乏秩序、统一感，那么就会对其审美价值产生消极影响。在服装造型中，设计师往往通过三个方面来实现调和，具体如下。

### 1.整体结构

在服装的整体结构上，款式的前后结构的分割中有类似的形态或处理手法出现，如前身结构有省道，后身也应有省道出现；前身腰节处是断开的，后身腰节处也需断开，这样可形成统一感。图5-3-6便是通过整体结构实现调和的优秀案例。

### 2.局部处理

在诸如袖子、领子、口袋等服装的局部结构上，往往需要用类似的形态和方法来统一处理，以求达到协调的效果。但如果过于统一，也会产生不太理想的效果比如缺乏丰富感，显得比较单调等。所以，每位设计者都要注意一点，即牢牢把握其大小、疏密及空间的相互关系，使之既调和又富于变化（图5-3-7）。

图5-3-6　通过整体结构实现调和　　图5-3-7　服装局部结构处理与配件处理的调和

3. 工艺手段与装饰手法

在调和的运用这部分内容中，除了以上两种运用方式以外，还有一种需要我们在这里进行具体探讨，即工艺手段与装饰手法。下面，我们主要围绕这部分内容进行具体阐述。

在服装的工艺手段和装饰手法上，需要有一定的统一性，比如在选择面料、辅料的图案装饰风格和肌理效应上，在服装工艺的缝制和装饰风格上都应追求一种有序的、统一的手法进行处理，以达到整体协调的视觉效果（图5-3-8、图5-3-9）。

图5-3-8　项链、手镯装饰风格与服装造型的调和

图 5-3-9　项链和手镯装饰造型的调和

## （四）夸张的运用

在服装设计中，设计者为了取得特殊的感觉，往往会使用夸张手法。通常，服装造型的夸张部位多选在其肩部、领子、袖子、下摆及一些装饰配件上。夸张的运用应以达到恰到好处为宜，否则不会达到很好的视觉效果（图 5-3-10）。

（a）　　　　　　　　　　　　　　　（b）

图 5-3-10　夸张的运用

## （五）视错的运用

在服装设计中，利用其视错来进行结构的线条处理，能够强化服装造型的风格和特色。在服装结构的处理中，我们经常采用五种形式，为了使各位读者更好地了解这部分内容，我们将其列举如下。

1. 横线分割

横线分割常常运用在男性的服装造型中，多出现在衣服的肩部、胸部或腰部等结构上，由于横线能将人的视线向横向延伸，因此，其着装效果会产生宽阔、健壮的感觉。

2. 竖线分割

竖线分割一般运用在女性的礼服和连衣裙设计中，多出现在衣服的中缝线、公主线或衣褶等结构上。由于竖线能将人的视线朝纵向延伸，因此，其穿着效果会产生挺拔修长的感觉。

3. 横竖线分割

在一些中性化的服装造型的结构中，也经常综合运用横、竖线的分割，其效果要比单纯的横线和竖线分割的感觉丰富一些（图 5-3-11）。

（a） （b）

图 5-3-11 横竖线分割在服装中的应用

4. 斜线分割

与竖线和横线分割相比较，斜线分割显得更加活泼和别致，运用的范围也更加宽泛（图 5-3-12）。

（a）　　　　　　　　　　　　　（b）

图 5-3-12　斜线分割在服装中的应用

5. 自由分割

在视错的运用这部分内容中，除了以上四种方式以外，还有一种需要我们在这里进行具体探讨，即自由分割。下面，我们主要围绕这部分内容进行具体阐述。

自由分割所呈现的视觉效果是最为潇洒和自如的，但要善于体会其中的分寸感，力求做到恰当和适度，运用得好能够使服装造型富于浪漫色彩和超前意识。

**（六）比例的运用**

对于服装设计来讲，其比例关系主要体现在三个方面。为了使各位读者更好地了解这部分内容，我们将其列举如下。

1. 服装色彩的比例

在服装色彩的运用中，其整体色彩与局部色彩和局部色彩与局部色彩之间，在位置、面积、排列、组合等方面的比例关系以及服装色彩与服饰配件的色彩之间的比例关系等，都应该纳入设计师的考虑范围。其原因在于，只有做到这一点，才能达到预期美感。

2. 服装造型与人体比例

服装造型与人体所形成的比例关系是最直观的整体造型感觉，如大衣、披风、夹克与身长的比例关系，上衣和裙子、上衣和裤子与人体的比例关系，及各种服装的围度与人体胖瘦的比例关系等等。

　　以上比例关系，往往是通过合理的造型设计与科学的剪裁和缝制工艺来完成的。准确地把握好服装设计和服装工艺中的比例关系，能够充分显示其穿着的艺术效果（图5-3-13）。

　　3. 服饰配件与人体比例

　　在比例的运用这部分内容中，除了以上两种以外，还有一种需要我们在这里进行具体探讨，即服装配饰与人体比例之间的关系。下面，我们对这部分内容进行具体阐述。

　　对于服饰整体造型而言，服饰配件与人体的比例关系是一个重要因素。如帽子、手包、首饰、鞋子等的结构、大小与人体高矮胖瘦的比例关系，都应达到适度和恰到好处的效果（图5-3-14）。

图5-3-13　服装造型与人体比例关系　　　　图5-3-14　帽子与人体的比例关系

## （七）节奏的运用

　　对于服装造型来讲，其节奏主要体现在点、线、面的构成形式上，如直线和曲线的有规律的变化，皱褶的重复出现，等等。这些构成要素的科学运用会使服装设计产生节奏感，强化和突出了服装的审美（图5-3-15、图5-3-16）。

图 5-3-15　条形图案的间距大小形成的节奏感

图 5-3-16　服装上金属装饰的强弱产生的节奏感

## （八）对比的运用

在艺术设计中，设计师往往运用对比关系来突出和强化其设计的审美特征，而且这样一来，其艺术效果也会更加明显。对于服装的造型来讲，其对比的运用主要体现在三个方面，具体如下。

### 1. 款式对比

在服装的整体结构中，款式的长短、松紧、曲直及动与静、凸型与凹型的设计，构成了多种新颖别致的视觉效果。设计师在服装设计过程中，会经常用到这种对比，值得引起我们的重视（图5-3-17）。

2. 色彩对比

对于服装设计者而言，色彩对比[①]是十分重要的，在色彩的处理时需要注意对比双方色彩面积的比例关系。色彩面积的大与小，色彩量的多与少的处理，能够改变任何一组对比色彩的对比程度。同样是两种对比色，当对比双方的面积比例是1∶1时，其对比的效果最为强烈，但当对比面积的比例是10∶1时，其对比的效果就不会那么强烈了。此外，在色彩的纯度和明度上也要有所考虑，一般是在相对比的两种色相中，大面积的色彩其纯度和明度应低一些，而小面积的色彩其纯度和明度要高一些。这种对比关系具体在设计中，其小面积高纯度、明度的色彩可以出现在服装的局部结构上，如领子、口袋、袖口等；也可以出现在配件上，如首饰、帽子、围巾、手套、挎包等。图5-3-18为色彩对比中的黑白明度对比。

图5-3-17　款式对比　　　　图5-3-18　黑白明度的对比

3. 面料对比

除了以上两种对比以外，还有一种对比需要我们在这里进行具体探讨，即面料对比。下面，我们主要围绕这部分内容进行具体阐述。

服装面料的肌理极为丰富，设计中运用其对比关系，如粗犷与细腻、挺括与柔软、沉稳与飘逸、平展与褶皱等，使服装的造型能够体现不同个性的审美感受（图5-3-19）。

---

① 所谓色彩对比，是指在服装的色彩配置中，利用色相（冷色与暖色并置）、明度（亮色与暗色并置）、纯度（灰色与纯色并置）和色彩的形态、位置、空间处理形成有序的对比关系。

（a）                          （b）

图 5-3-19　面料对比

## （九）均衡的运用

与对称相比，均衡形式显得丰富多变。在服装造型的构成中，均衡的形式往往通过以下三个因素来体现。

### 1. 门襟与钮扣

门襟和钮扣处于服装造型的较注目的位置，利用它们的变化来协调空间，使之产生均衡的视觉效果。另外，门襟和钮扣二者是一体的，如果门襟的位置有所改变，那么钮扣的位置也要改变，而且还会影响钮扣的排列方式。设计师在服装设计过程中，往往运用这种变化来求得服装的多种造型变化（图5-3-20）。

（a）                          （b）

图 5-3-20　门襟、扣子的均衡运用

2. 口袋

通常情况下，服装中口袋的位置处于对称状态，但有时为了活跃和调节服装造型的气氛和变化服装造型的风格，或采取不对称的形式，或改变其大小和位置等，会产生均衡的视觉效果（图 5-3-21）。

（a）　　　　　　　　　　（b）

图 5-3-21　口袋的运用

3. 装饰手段

除了以上两种因素以外，还有一种因素需要我们在这里进行具体阐述，即装饰手段。下面，我们主要围绕这部分内容进行具体阐述。

在某些服装的构成中，可依据造型的风格需要，利用各种装饰手段和表现手法，如利用挑、补、绣以及拼贴、镶嵌等装饰工艺手段，将图案花纹或不同质地的面料装饰在服装的适当部位。同时，也可以利用一些装饰配件等来达到均衡的视觉效果，以吸引人们的目光（图 5-3-22）。

（a）　　　　　　　　　　（b）

图 5-3-22　装饰手段的运用

除了以上内容以外，在服装的造型中，还可以利用色彩的处理来达到均衡的效果，如利用衣服上下、左右、前后及一些具体结构中色彩的相互配置和搭配，利用服装主体色彩、配件色彩的呼应和穿插等。

## 二、新颖是服装美的终极目标

无论是艺术创造、科学创造、技术创造，其共同特点应当是具有新颖性，服装设计也不例外。设计师应将新颖作为追求服装美的终极目标。新颖的服装首先建立在科学的合理性上，要考虑生产的可行性、穿脱的合理性、人体的舒适性等科学因素；同时它还不能保守，不能是对前人或他人的设计的重复，要具有与众不同的艺术魅力，可以说，新颖就是服装设计的灵魂。

服装的新颖不仅表现在款式设计的标新立异上，同时也体现在对面料的二次艺术加工、服装的结构设计、缝制工艺等方面的创新上。如果服装设计的形式美法则运用得当，最后的成品无疑会具有一些特点。我们将其做出了总结，主要归纳为以下三个方面。

（1）完整性：整体感强。

（2）层次性：富有层次感。

（3）重点性：强调并突出重点。

## 三、系列服装设计的规律

在服装设计中，我们通常将造型相关联的成组的服装设计称之为系列服装设计①。系列服装在人们的视觉感受和心理感应上所形成的审美震撼力，是单套服装所无法比拟的。下面，我们针对系列服装设计的规律进行具体阐述，共包括三个方面的内容。

### （一）运用造型要素的系列设计

在服装的造型上，对于款式、色彩、面料三种要素进行多种形式、多种角度的艺术处理，使其形成了多种系列的服装设计。经过长期的分析与研究，我们对其做出了总结，主要归纳为以下四个方面。

1. 色彩要素

运用色彩的纯度、明度、冷暖、层次、呼应、穿插等表现手法，使系

---

① 所谓系列服装设计，其数量最少应为两套，一般的系列服装设计的数量在 3 ~ 10 套之间。当然，在当今的服装设计中也曾有多达 20 套以上的特大系列，但仅为极少数。

列服装的色彩配置既整体统一，又富于变化。如在限定的几种颜色中，选择其中一种或两种主体颜色，在服装的适当位置进行穿插搭配还可以在服装的上下、前后、左右等对应的部位进行色彩的阴阳置换。另外，在一些特定的系列服装色彩中，可全部采用黑色调或白色调处理，给人一种极为强烈的视觉冲击力。

2. 款式要素

款式结构中的长短、松紧、大小、疏密、正反等是系列服装设计中最基本的构成要素，这些要素与设计的形式法则相结合，便会产生造型各异的系列服装风格。在系列服装设计中，当服装的外廓形相近时，可在其局部结构上进行变化，如领口的高低、口袋的大小、袖子的长短、门襟的变化等，而当局部的形态相近时，则可在服装的外廓形上进行处理，如外廓形的长短、松紧、曲直、刚柔等（图 5-3-23、图 5-3-24）。

图 5-3-23　款式要素构成的系列服装　　图 5-3-24　长短不同的款式构成的系列服装

3. 面料要素

利用面料质感的对比或组合效应进行系列服装设计，常常是以一种面料为主，搭配其他不同肌理的面料，在一些带有图案花纹的面料中，可使其与同质感的素色面料进行搭配也可以选择一些平纹组织的面料与其他特殊肌理的面料相拼接而构成系列服装的设计（图 5-3-25）。

4. 综合要素

在系列服装的造型上，我们常常对其款式、色彩、面料三种要素进行综合运用和艺术处理。例如：服装的款式相似，色彩配置上则有变化；服装的色调相近，变换面料的肌理；服装的面料同质，款式或色彩上进行相互转换等等。

**（二）利用装饰手法的系列设计**

装饰手法与服装的有机结合，进一步丰富了系列服装的造型语言和表现手法。经过长期的分析与研究，我们对利用装饰手法的系列设计做出了总结，主要归纳为两个方面，具体如下。

1. 服饰配件要素

服饰配件可以起到协调和整合系列服装的效果。一方面，在一组造型各异的系列服装中，可利用相同的配件来统构整体，如利用帽子、头巾等；另一方面，在一组造型相对统一的系列服装中，可以利用不同的配件求得变化，如利用披肩、手包等（图5-3-26）。

图5-3-25　以皮革构成的系列饰边设计　　图5-3-26　用围巾统构整体的系列服装

2. 装饰工艺要素

这里的装饰工艺主要是指与服装造型有着直接关系的，诸如刺绣、抽纱、补花、挑花以及镶嵌、拼贴、滚边等工艺技巧，这些装饰工艺极为细腻、精致、在服装的造型中往往起到画龙点睛的醒目作用。因此，可以利用装饰工艺突出服装的某些重点部位，如胸部、肩部、背部等，使系列服装的视觉效果更加明显。但应注重其装饰工艺与服装造型特征、服用功能的统一协调关系，否则会缺乏整体感。

**（三）多种艺术风格的系列设计**

在系列服装设计的规律这部分内容中，除了以上两点以外，还有一点需要我们在这里进行具体描述，即多种风格的系列设计，下面，我们主要围绕这部分内容进行具体阐述。

在一些流行趋势服装发布会中，设计师们为了充分显示其个性风格和追求多种艺术感觉，常常推出一些极具轰动效应的系列服装设计，如圣·洛朗的"中国文化系列"服装设计；帕苛·拉邦纳的"古堡建筑系列"服装设计；范思哲的"彩条系列"服装设计等。这些系列服装的设计常带有一定的主题性和浓郁的文化气息，给人们带来了享受与愉悦感（图5-3-27、图5-3-28）。

图 5-3-27　帕苛·拉邦纳"古堡建筑"系列服装设计

图 5-3-28　圣·洛朗中国传统文化特色的系列服装设计

# 第六章　服装设计定位分析

由于社会的不断进步以及人们对服装品位的不断变化，时尚元素越来越进入到人们的日常生活当中，随之而来的就是人们形成了新的服装消费观念，人们的消费模式已经从基本需求的满足转化为满足情感和个性的需要。

相关数据表明，现在的消费者更关注服装的造型和质量，反而对价格不是很在意。尤其是年轻人，他们在消费时，最关注的问题就是服装的造型、色彩与自己本身内在气质的一致性，他们希望自己所选择的衣服能符合自己的生活状态与气质。这就对设计师提出了要求，即在进行服装设计时，其设计方式与视野要以市场调研和掌握信息为基础，在充分了解消费者的精神需求和物质需求的前提之下进行设计。本章，我们就服装设计的定位进行详细分析。

# 第一节　品牌服装设计定位分析

确定了以上各种影响服装设计定位的多种因素之后，在设计一个品牌服装的过程当中，分析其设计定位也是必不可少的。这个环节的主体是设计师，该环节不仅包括服装的设计过程，同时还包括了样品的制作以及如何将产品推向市场。

## 一、服装设计过程

### （一）搜集资料

设计师在设计服装之前，通常会对相关方向的资料进行整理分析，常见的服装资料有以下两种。

1. 直觉形象资料

直觉形象该类资料主要以观赏为主，主要的表现形式就是时装展示、专业杂志、画报、录像、影视、幻灯及照片等。

2. 概念性的资料

概念性的资料的表现形式主要是文字，它通过间接的或概念性的文字表述，将服装设计中的与哲学、美学、文学、艺术理论相关的内容用文字表述出来，如中外服装史以及相关刊物中的有关文章。

在搜集资料和查阅资料的过程当中，这两类的资料要重点研究。与此同时，要用科学的方法整理和保存这些资料，只有这样才能为服装设计提供更加有价值的信息。存放这些资料的时候一定要有条理，根据不同的种类分别放置，便于调阅。

### （二）掌握信息

在进行服装设计时，非常重要的一点就是时尚信息的掌握，即掌握国内和国外的服装流行趋势和倾向，只有掌握了这些信息，设计出来的产品才能满足市场的需要。信息的形式主要是形象展示和文字表述两种。这里需要区分的是信息与资料的差别，所谓信息，更倾向于与还没有发生的、未来相关的内容，而资料则是已经发生的或已经展出的相关内容。

在掌握信息时，若只关注专业或单方面的信息很难满足消费者的需求，只有进行全方位、多角度的与服装设计有关内容如科技成果、文化动态、艺术思潮、流行色彩、纺织材料及纺织机械等的调研，创作出来的产品才能更加满足市场的需要。与此同时，信息的来源和途径也要兼顾，越有价值和便捷的信息来源，就越能提高产品的市场价值。

### （三）市场调研

在服装设计的过程当中，很重要的一个环节就是市场调研。所谓市场调研就是针对市场营销的相关内容通过科学的方法进行把握和分析，之后作为服装设计和市场营销的理论基础。

任何一个市场都是产品和消费者之间的桥梁，服装市场更是如此。而市场调研就是设计师寻找适销对路的一个有效方法，只有这样，设计出来的产品才能更加满足市场的需要，企业获得更大的利润。因此，合适的市场调研内容和方法是服装企业经营或设计师事业长久的一项重要工作内容，具体内容如图6-1-1所示。

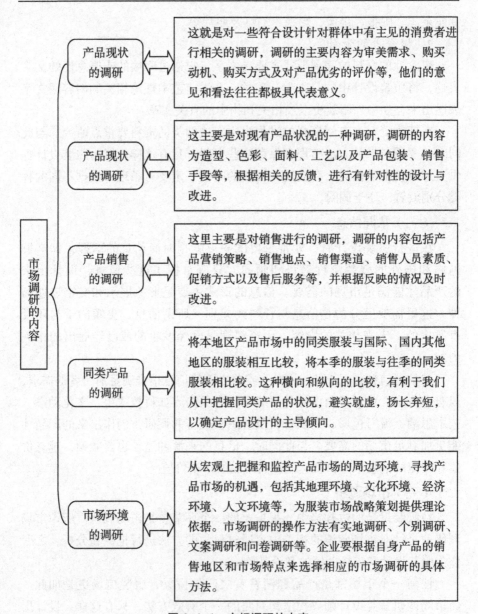

图 6-1-1　市场调研的内容

**（四）设计构思及绘制设计效果图**

　　任何一项方案在实施之前，都需要一个完整的构思，服装设计也不例外。而一个完整的服装设计构思是建立在资料查找、市场调研以及设计定位的基础上，经过全方位不管是形象思维还是创造性思维，或者是立体思维的思考和酝酿的一个过程。通过大量的设计草图等形式将设计构思表现出来，草图的数量直接表示了设计师构思的深度与广度，而这些草图当中也包含着最终确定的设计方案。

当进过仔细的斟酌与筛选之后，从大量的构思设计草图中确定出最佳的设计方案，设计师就可以根据自己想要的效果创作出正规的服装设计效果图。这是服装设计实施的首要条件，利用绘画等手段将服装造型的款式结构、色彩配置、面料搭配、服饰配件及整体着装的直观效果表现出来。这个过程通常有三个步骤，即草稿、色稿和正稿。第一个步骤也就是草稿阶段，主要内容就是反复修改草稿图中的服装款式特征、人体姿态、人体与衣服的内在关系等，直到最终完成设计者预想的构思；第二阶段也就是色稿阶段，即通过合适的色彩搭配，为已经完成的草稿上色，达到理想的视觉效果；以上两个步骤完成以后，就可以进行正稿的绘制。

服装设计效果图的正稿绘制，其方法可根据设计师的爱好而定，常用的方法有用水彩色表现、用水粉色表现、用马克笔表现、用彩色铅笔表现、用电脑彩喷表现等。不管设计者采用的是哪种方式，其最终目的都是将服装的整体着装效果以及服装的造型结构特征充分地展示出来。与此同时，有的设计师还会将服装的结构展开图和服装的剪裁图等附加在整体的设计稿上（图 6-1-2 至图 6-1-5）。

图 6-1-2　（法）安东尼·鲁匹兹的服装设计效果图

图 6-1-3 （美）肯尼斯·波尔·布莱克的服装设计效果图

图 6-1-4 刘元风的服装设计效果图

图 6-1-5　刘元凤、吴波的服装设计效果图

## 二、服装样品制作

选择适当的面料和辅料，根据服装设计效果图所表现的服装造型特征及其着装效果，通过合适的裁剪和缝制，使设计图纸上的形象具象化和实物化，最终达到设计师想要的结果就是服装样品的制作。

### （一）选择材料

材料对服装造型有很大影响，不管是面料、辅料（里料、里衬等）还是附属材料（拉链、纽扣、带子、缝纫线等），都直接关系到服装造型的效果。在这些材料当中，最主要的材料就是面料和里料。因此，在选择时，不管是面料还是辅料要尽量按照设计效果图来进行，服装样品的效果才能尽可能实现。与此同时，材料的价格也是应该考虑的一方面，要符合设计师的成本预算，否则就会对之后的销售起到不良影响。

### （二）样板制作

样板制作在服装成型的过程当中是非常重要的一个环节。这一环节中首先要做的工作就是将样品制作的成衣规格尺寸确定下来，通常基于国家统一的服装号型的中间号型为设定标准，这样做的目的主要是为以后的批量生产和样板缩放提供方便。在制作样板时，通常依据号型的具体规格尺寸和服装设计的具体造型结构特征利用平面裁剪法来进行，或者是与立体裁剪法相结合，立体裁剪法通常是在制作高级时装的时候才会使用。无论如何，采用合适的方法科学合理地将服装每一个组成部分的标准样板裁剪出来并制作好，之后按照一定的顺序，从而采用合适的缝制工艺制成想要的样板。

## （三）试制基础型

这里说的基础型，就是服装在制成正式的服装之前的一种基本造型，它的制作材料主要是白坯布。

设计师在画出设计图之后，虽然已经尽可能地表达出自己的想法，但是实际的立体造型效果并没有充分表现出来。这就是基础型的基本作用，它与服装的实际效果无限接近，能够将设计中的服装造型上的每一个造型部分直观展现出来。

在制作基础型的过程当中，往往会发现原来的设计中有些地方存在缺陷，要根据实际情况有效地对设计效果图进行一定程度的调整、补充和完善，使基础型的各个部分之间的结构或线条分割更加合理，整体造型和局部之间达到完美统一。也只有这样制作出来的基础型才能更加生动，为之后的步骤奠定基础。

## （四）制作样品

在服装的基础型达到了较为准确、合理、完美的效果之后，根据已经制作好的服装样板，按照已经设计好的顺序对已经准备好的面料和辅料进行裁剪，之后对服装的各个部位按照设定的工艺流程进行制作缝制，使样品成衣逐渐形成。如果制作的服装样品为高级时装时，缝制工艺通常是以手工进行。

另外，面料和辅料在操作过程中可能会有痕迹或设计样品需要某种定型，这时的熨烫工艺也十分必要。在制作服装样品时，每一个部分的结合与缝制都要规范准确合理，尺寸要标准，制作工艺越精细，制作出来的产品才能越符合设计师的需要，产品的质量才更有保证，对于未来要上市的批量生产以及产品的质量才越有利（图 6-1-6）。

图 6-1-6　某著名服装工作室制作样衣

## 三、产品推向市场

服装的样品制作完成，在一定程度上体现了服装设计的构想取得了较为理想的效果，但这还不是服装设计的最终完成。服装的样品需要通过服装展销会、订货会或市场试销洽谈会等形式，征求有关来自销售方面的意见和市场的信息反馈，验证其实用性和市场认可程度。根据多方面的意见，对服装样品进行局部修正或重新制作，直至得到消费者和市场的认可和满意。

根据修正或重新制作的最后定型的样品成衣，在其样板的基础上制作出适合批量生产的服装工业用板，并确立服装生产的科学的工艺流程，使之按预定计划进行批量成衣生产。

在批量生产的、号型齐全的服装进入市场之前，一般还需要举办不同规模的服装展示会，并利用电视广告、报纸、杂志等媒体对新产品的特性进行广泛的宣传。同时，产品经后整理、定型、包装后，通过有效的销售渠道和销售方式将新产品推向市场。值得一提的是，我们所说的服装设计常常是一个比较笼统的概念。根据不同的设计种类和消费对象，服装设计总体上可分为两个大的类别：批量生产的群体生活用装的设计（满足某一群体的生活中多种场合穿用的服装，也称成衣）和单裁单作的个体时装设计（用于某一个具体的消费者的个性需求的服装，也称高级时装）。以上讲的主要是生活用装设计的程序及其规律，个体服装设计由于设计功能的不同，其设计的程序和规律也有所区别，本章不予评述。

我们将两类服装设计的设计程序做出了总结，如图6-1-7、图6-1-8所示。

| 设计定位 | 消费对象（群体消费） | 性别、年龄、职业特点、文化程度、生活状态、经济收入、穿着场合、文化习俗 |
|---|---|---|
| | 产品类型 | 产品类别、产品档次、产品批量 |
| | 产品风格 | 产品造型、产品风格、产品质量、产品号型、产品标牌 |
| | 营销策略 | 市场定位、市场策略、销售地点、销售方式、售后服务 |
| | 发展规划 | 产品发展目标、企业发展规划 |
| 信息与市场研究 | 搜集资料 | 文字资料（美学、哲学、艺术、中外服装史）形象资料（画报、杂志、影视资料） |
| | 掌握信息 | 文字信息（国际、国内最新流行趋势）形象信息（时装快讯、录像、照片） |
| | 市场调研 | 调研地点、调研对象、调研内容、重点是同类产品的分析和研究 |
| 设计方案 | 设计构思 | 依据设计定位，运用立体性思维形式构思新产品设计草图 |
| | 确定方案 | 遴选构思草图、确定最佳设计方案 |
| | 绘制效果图 | 以绘画为手段、绘制服装设计效果图、结构展开图、剪裁图 |
| 试制样品 | 选择材料 | 面料、里料、衬料以及附属材料 |
| | 制作样板 | 设定成衣号型、成衣尺寸、裁制样品的样板 |
| | 试制样品 | 用白坯布试制样品，经反复修正后剪裁、制作样品成衣 |
| 产品推向市场 | 试销生产 | 经展销、试销、修正样品、制作批量生产的工业用板，确定工艺流程，生产批量成衣 |
| | 宣传促销 | 通过服装展示会、广告及有关传媒宣传新产品特色 |
| | 投放市场 | 产品定型、包装、通过有效的销售渠道将产品投放市场 |

图6-1-7 群体生活用装的设计程序

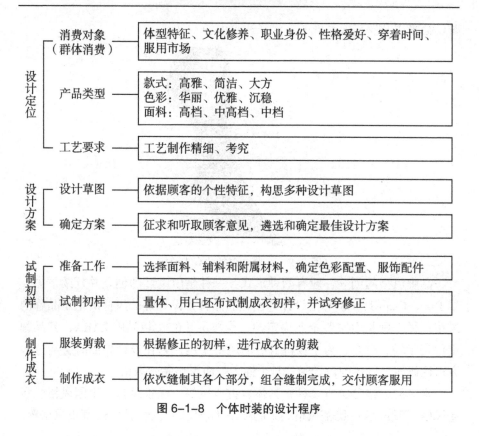

图 6-1-8　个体时装的设计程序

# 第二节　产品设计风格

## 一、产品设计风格

产品设计风格指的是自身有别于其他同类的独特性和差异性，具有明显的个性面貌。在商品极大丰富的今天，消费者通过选择会对自己认同的品牌产生认同感与归属感。由于消费者文化修养、生活环境、经济状况等的不同，对服装的风格要求也不同。品牌设计的风格也会根据目标市场做出不同的定位（图 6-2-1）。对于品牌设计来说，风格一旦确定下来，就不能随意更改，否则会带给消费者混淆模糊的品牌概念，无法长期立足于市场。在很多服装公司里，当所雇用的设计师不符合品牌的风格时，即使设计师的名气再大，也会毫不犹豫地将其撤换；当一个品牌要拓展其风格时，会采用开发二线品牌的方法来适应市场。

图6-2-1 都市白领的穿衣风格

品牌风格的创立一般有两种形式：一种是由设计师创立并延续下去，如Dior、Chanel、CK等由设计师创立的品牌，设计师的风格决定了品牌的风格；另一种是由服装企业决定的，像西班牙的女装品牌ZARA，其品牌定位是年轻、时尚，为了保持自身的风格稳定，它在设计作品时会经过多方讨论修改，以免因设计师自身个性太强而影响品牌风格。

常见的风格分类有多种，具体有古典风格、优雅风格、田园风格、叛逆风格、浪漫风格、民俗风格、前卫风格、休闲风格、运动风格、都市风格等。

## 二、产品造型与类别定位

服装设计的造型要有一定的特色，其中包括设计概念、创意取向、结构特征、色彩配置、工艺处理、装饰手法以及服饰配件等。

服装的产品类别指的是以服装穿着的时间、目的、场合分类的服装类别，如在家穿着的家居服，户外休闲穿着的休闲服，参加宴会穿着的礼服、正装等。

在成衣的设计生产过程中，各大品牌已不满足于单一类别的服装开发，而是向着多品种、系列化的方向迈进。我们在专卖店购物时，不但可以买到上衣、裤子，还可以买到与之搭配的腰带、帽子、内衣等。这样既带给消费者便捷的搭配，也提高了产品的整体性，同时扩大了品牌的市场份额。但是，像这样的多类别定位时，要注意到主打产品的中心发展地位，同时还要兼顾到附属类别的丰富与发展，确立产品的主次地位及产品的数量配比。

### 三、产品质量

产品质量一般应从几个方面严格把关：服装的机能性，面、辅料的物理性能，服装板型的准确性和科学性，流水线的合理性，缝制工艺的精良程度，产品后整理技术等。

### 四、产品特色

产品设计的艺术性和科学性决定了产品的特色，产品的特色又是统一在企业的 Cl 整体设计之中的，在一定程度上显示出企业的社会形象。因此，要善于在服装设计、面辅料选择、工艺流程中，逐渐渗透和形成自身的个性风格。产品风格一旦被市场认可，就意味着企业和产品在消费者心中树立了信誉，而产品的良好的信誉对于企业的发展又是极为重要的因素。

### 五、号型设定

根据企业产品的销售地区的消费者的体形特征，以国家统一的服装号型为依据，制定出科学的、准确的产品号型规则，并且需要在号型的设定中力求规范化和细分化；同时，也应照顾到特殊体形的消费者。

### 六、商标制定

围绕产品的特色设定出新颖的、有个性的产品商标，包括服装的各种吊牌、包装用品、购物用品等，以引起消费者对于产品的兴趣和购买欲望。

# 第三节  产品特征分析

### 一、产品类型

产品类型是在深入进行市场调研的基础上确定的，特别是要研究和分析市场上同类或相近产品的现状，并根据企业的自身特点和客观条件，准确地把握和确定新产品的类型。服装设计的款式、色彩、面料及配件等需要有一定的新意和独创之处，同时考虑新产品以何种面貌出现，如是以套装（裤套或裙套）形式出现，或者是以多件套和自由套装形式出现，或者是以服装与配件整体配套形式出现等。

## 二、产品档次

产品的档次需要根据企业自身的实力和具体情况来决定，并且还要考虑到消费者的实际需求和对产品的认可程度。企业自身的情况一般包括生产规模、机械设备、资金运作、人员素质、设计能力、管理水平、工艺流程、广告策划、市场营销等，应极力避免这样的现象不顾企业的实际情况和可操作性，一味地好大喜功而拔高产品的档次，导致产品质量失信于消费者而影响企业的声誉。

## 三、产品批量

当服装的类型和档次确定之后，需要对产品的产量确定一个切实可行的计划。是小批量还是大批量，应以市场试销和市场环境为前提。

## 四、价格设定

产品价格有高、中、低之分，在确定产品的档次和特色的基础上，根据服装的成本、工业利润、税收、交通费用、商业利润及消费者的实际承受能力等因素合理设定。

# 第四节　产品的消费对象分析

品牌服装要赢得市场，准确的产品定位非常重要，而要想取得理想的成果，消费市场和消费对象的分析就非常重要。作为产品定位的具体操作者，设计师应具备敏锐的市场洞察力，对相关信息的搜集、整理、分析工作显得尤为重要。

## 一、品牌市场的定位

自 20 世纪 90 年代以来，我国的服装产业在国内得到了较大的发展，其生产模式也从以往的以大批量加工为主逐步转化为以追求品牌效益为主的生产模式上来。尤其是自 2005 年 1 月 1 日起，我国的纺织品便迎来了"无配额时代"，在这种大背景之下，国内的纺织与成衣产业很快进入高速扩张时期。面对大环境之下的机遇，国内服装厂商更加立足于建立自主品牌，提高成衣附加值的道路。品牌服装也以其良好的信誉、个性鲜明的风格、优秀的设计与做工，受到广大消费者的欢迎与信赖（图 6-4-1）。对于服装品牌的设计、生产、销售来说，最重要的前提是对消费市场做出准确的定位，确立品牌发展的方向，以此制定企业品牌相应的发展计划。

品牌市场的定位可分为两类：一类是按照目标消费者的特征来分，包括年龄、受教育程度、心理特征、地域特征、生活方式等；另一类是按照消费者的反映来区分，包括购买时机、购买态度、品牌忠诚度等。

图 6-4-1 某知名品牌秋冬高级成衣

品牌市场的定位主要是指对目标消费群的定位，是指品牌产品瞄准的购买人群。目前市场上大大小小的品牌层出不穷，行业间的竞争日趋激烈。要取得市场份额就必须准确地定位自身产品所面对的消费人群。如何确定目标消费群？这需要进行大量的市场调研工作，进行有效的信息收集与分类，其中包括消费者的年龄、收入状况、社会背景、知识层次、生活背景、穿着场合等诸多因素。对于服装企业来说，它对此做出的工作应是大量并细致的，所包含的内容与分类也是详尽且科学的，由此得出的分析结果才能准确地指导企业品牌相应的定位、设计、生产等工作。

## 二、不同层次的定位

### （一）性别、年龄

性别和年龄的划分是品牌市场划分的最基本的要素之一。不同性别，不同年龄的人群对服装色彩、造型、风格以及消费观念等方面的喜好有着较为鲜明的差异，这种差异使定位显得尤为重要。确定男装、女装，消费对象是儿童、少年、青年、中年或者是老年等。所以，我们在市场上经常看到青少年装、中老年装（图6-4-2）、童装等以年龄层次和性别进行分类的品牌。

图6-4-2　中老年装

### （二）职业特征

确定消费对象是国家公务员或者是科技人员，是教师、高级知识分子或者是工人、农民，是上班族或者是家庭妇女等。

### （三）经济状况

经济状况是高薪阶层、中薪阶层或者是低薪阶层，是固定收入者或者是不固定收入者等。

### （四）文化程度

文化程度和艺术素养往往决定着消费者对服装审美的品位和层次，一般来讲文化程度与审美形成正比。

## 三、地理区域与风俗的定位

### （一）地理区域的定位

地理区域的定位，是根据目标消费者所处的城市状况、人口密度、气候特征等来定位的。比如说，一个城市的大小、开放程度直接影响到人们对流行的接受程度。像城市规模较大的、经济发展较好的沿海开放城市，其居民的消费观念大多也较为开放；反之，一些内陆城市则显得传统、保守一些。至于气候的冷暖特征，就更直接影响到每季新款式的投放。如图6-4-3 所示就是欧美发达地区的穿着表现。

（a） （b） （c） （d）

（e） （f） （g）

图6-4-3 欧美发达地区的穿着

### （二）风俗习惯定位

不同的民族、不同的地区都有着相应的社会文化背景和由此而形成的文化习俗，如宗教信仰、风土人情、生活习惯、色彩偏爱、装扮特点等，这些因素直接影响着服装审美和需求。

## 四、生活方式的定位

现代服装设计从某种角度上理解，其实是对生活方式的一种设计。生活方式指的是人们对生活所持有的一种态度。在今天，人们的生活方式较以往有了更多样化的内容，包括学习、工作、休闲等，人们更懂得如何善待自己。例如，20 世纪 80 年代的中国，人们刚刚接触到"休闲装"这一新鲜事物，一夜之间大江南北，到处都泛滥着廉价、粗糙的所谓"休闲装"。这是刚刚开放的中国人对新生活的一种渴望。今天我们看到国人对于生活方式的选择已日趋成熟、理性，与之相应的"休闲"概念的划分也越来越细。我们从国内外品牌的市场热销便可看出这一点（图 6-4-4 至图 6-4-6）。

图 6-4-4　户外休闲着装

图 6-4-5　运动休闲着装

图 6-4-6　生活休闲着装

## 五、价格的定位

价格是根据目标消费群的收入水平来定位的。品牌根据设定的消费群的收入和接受程度来确定产品的价格档次，市场上的服装产品分为低档、中档、高档等不同的层次。更多的品牌为了扩大自己的消费群体，会采取二线、三线等副线品牌，并制定相应的价格档位以适应不同的消费群体。

图 6-4-7　范思哲品牌标志

像我们熟悉的意大利品牌范思哲（Versace，图 6-4-7 至图 6-4-9），它的品牌线如下。

① Atelier Versace 高级定制服装。

② Gianni Versace 男女正装系列。

③ Versus 纬尚时，年轻系列二线品牌——男女年轻系列（成衣系列，中档）。

④ Versace Classic V2 范思哲经典 V2——男装品牌。

⑤ Versace Sport 运动系列。

⑥ Versace Jeans Couture 牛仔系列。

⑦ VersaceYoung 童装系列。

图 6-4-8　范思哲产品

图 6-4-9　范思哲品牌系列产品

### （一）穿着时间与场合

穿着服装的时间是白天或者是晚间，穿着的场合是正式场合或者是非正式场合。

### （二）生活状态

消费群体处于的阶层不同，其生活状态也有其独特的特点，这就在某种程度上制约了该群体对服装的审美，进而也就影响了消费者的需求。例如年轻的白领女性，她们的生活状态就是个性明显，具有较强的工作能力和判断力，生活节奏很快，她们具有丰富的购物经验；对于着装，不管是造型还是风格，她们都有自己的看法；她们对名牌不一定崇尚，但面料、工艺、色彩及服装的实用价值一直为她们所注重。由此可见，确定服装产品定位是十分重要的。

# 第五节　营销策略制订

所谓的营销策略，主要是指在营销的过程当中所采取的宣传手段和销售渠道。现在，各种各样的服装品牌，不管是国内的还是国外的如雨后春笋般出现在市面上，要想得到消费者的认可并掏钱购买，同时还要有所盈利，在保证产品质量的基础上，还要将产品其中的蕴意深掘出来，广而告之，自然而然也就形成了与产品相关的文化，宣传的手段和销售地点的装饰就是产品文化很好的传达方式。

成衣在现代市场的销售渠道有多种，既有面向实体的大型超市、百货公司、专卖店（图6-5-1）、服装店、批发市场等，也有虚拟的网上销售模式。不同的服装产品，要根据自身的定位选择合适的一种或多种销售渠道，如果产品是面向大众，希望通过销量来获得利润，超级市场或网上销售会是不错的选择；如果有特定的针对的人群，就应该选择该人群经常光顾的适当场所进行销售。

有些品牌由于宣传到位，对消费者产生了一定程度的影响，已经成为相对成熟的品牌，它有固定的消费群体。它的销售渠道和方式就会有多种，既可以是实体销售，也可以是虚拟销售，还可以采用多种销售渠道组成更加合理的销售网络，进而形成更加完善的服务体系包括物流、销售和售后，从另一方面促进产品的销售。

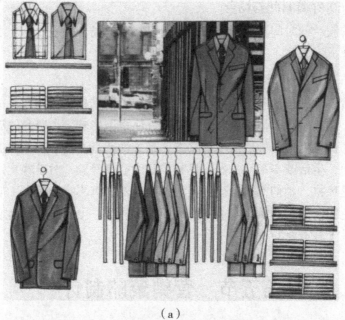

（a）

（b）

图 6-5-1　品牌服装店的陈列

# 一、营销的具体策略

## （一）市场定位

从某种意义上来说，市场定位的内涵与产品定位是一致的。要想寻找合适的市场也就是市场定位，首先就要对自己的产品有一个清楚的了解，这个了解不仅仅是对自己产品的制作工艺以及材料等内容的了解，还要对消费者和竞争对手等有一个清楚的认识。只有充分明白消费者的侧重点以及自己产品具有的明显优势，才能确定出正确的营销方式和市场定位，并逐渐建立完备的销售服务网络。

### （二）市场细分

一般来讲，市场可按地区、产品性质、消费群体、经营规模和经营方式来划分，企业应根据自身的产品风格和经营特点有针对性地选择最合适的服装销售市场。

### （三）市场策略

服装产品要想进入市场，进行销售要选择适当的策略，具体包括合适的时机、投放的数量以及采用哪些销售途径。只有选择正确的时机投放产品如在夏天的末尾投放秋冬的服装产品，此外还要掌握合适的投放数量，过多或过少都会对盈利产生不良影响，最后，产品的销售途径也很重要，合适的销售渠道往往能节省很多宣传成本。此外，利用好购买旺盛期，例如重大节日，这些对于服装产品的销售来说，都是尽快实现销售目标的有效手段。

### （四）促销方式

销售方式包括销售地点的选择和合适的销售手段。合适的销售手段就是通过各种媒介对产品进行宣传，而合适的销售地点能营造一种符合产品文化的销售氛围，通过各种各样销售措施，针对特定的销售对象，将产品卖给消费者。

### （五）产品评价

产品在销售的过程当中，以及顾客在使用的过程当中，会有一系列的反馈和信息，对这些情况和相关的反馈数据进行全方位的分析，并采取一定的措施及时改进就是产品评价。具体内容为在销售的过程中该产品与同类产品相比的优势和劣势；要如何对产品进行改进，进而获得更高的利润；改善销售手段等。

## 二、产品的发展规划

品牌生命力的延续需要企业完善的发展规划。它包括对现有产品的前景规划、新产品的开发、产品体系的延伸与完善、营销市场的开拓计划等，寻求品牌的生机与发展。

## （一）产品发展目标

产品发展目标是指产品在原有的基础上是否扩大生产规模或转产，是否在发展生产方面有新的设想，如产品销售额、销售增长率、市场占有率、利润、投资收益等。

另外，审核有关设计部门和其他部门在一定时期内需要做的计划以及预定目标。

## （二）企业发展战略

制定企业的发展目标和发展战略是指在某一时期内企业需要达到何种社会知名度和市场目标，如何加强企业与消费者之间的密切联系、扩大消费者对企业形象的再认识等。

## （三）CIS 广告策略

CIS 广告策略是指完善和改进以确立新企业形象和扩大知名度为中心的宣传战略。其策略的运作方式和特定内容，是依据企业的发展目标和发展战略来实施的。

## （四）保证体系

建立一整套既行之有效又富于开拓精神的、为实现新产品发展规划和发展战略服务的保证体系。

# 第七章　创意服装设计

本章突出全书主题，全面论述创意服装设计理论。服装的创意设计包括多个方面，如服装的形式创意、材质创意、装饰性的艺术创意等，除此之外，我们还要从创意服装设计的灵感、理念和设计过程多个角度对其进行全面的分析论述。

# 第一节　形式创意和材质的创意

## 一、形式创意

在创意服装设计领域，形式创意主要包括四种类型，分别是体验式创意、情感化创意、"虚拟股市"创意和"解构重构"创意。具体内容如下所示。

### （一）体验式创意

艺术源于生活，又高于生活。在进行服装设计的时候，要对生活进行观察和体验，往往很多创意都来源于生活，进而创造出打动人心的好作品。因此，体验式的创意手法是一种更为直观的创新设计。

关于体验的设计思路，是当你走进某个环境并获得一定的空间经验，你可能会想起什么？被什么激发？在这样的空间感觉里需要搭配什么样的服饰？甚至是在不同空间里装扮着自己的不同角色而应该配备哪些相应的服饰等问题。在我们引入知觉的、内在的、不合情理的设计元素时，环境才能与人们内心真正相连，因为这些因素正是人类的心智特征，逻辑和合理性只能够获得人们的"谅解"，而不是"认同"。

体验的设计，从表面上讲，包括"感受"的基本形式；从深层次上讲，指的是对人的心灵活动产生的影响，包括超越或混合前述原始形式而对心灵形成的压迫感、安全感、紧张感、极致和彻底释放的轻松感以及欲望、好奇、直觉、知觉、下意识和潜意识、抗拒、膜拜等心灵剧烈活动状态。

其中,"感受"的基本形式并不只是限于视觉的体验,还包括触觉、听觉、嗅觉以及味觉等各个方面。

具体来说,体验式的创意手法主要可以从五个步骤来展开,分别如图7-1-1 所示。

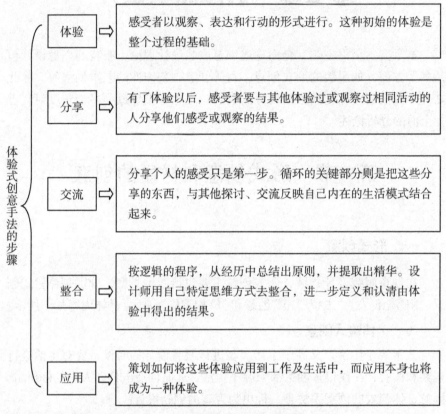

体验式创意手法的步骤

| 体验 | 感受者以观察、表达和行动的形式进行。这种初始的体验是整个过程的基础。 |
| 分享 | 有了体验以后,感受者要与其他体验过或观察过相同活动的人分享他们感受或观察的结果。 |
| 交流 | 分享个人的感受只是第一步。循环的关键部分则是把这些分享的东西,与其他探讨、交流反映自己内在的生活模式结合起来。 |
| 整合 | 按逻辑的程序,从经历中总结出原则,并提取出精华。设计师用自己特定思维方式去整合,进一步定义和认清由体验中得出的结果。 |
| 应用 | 策划如何将这些体验应用到工作及生活中,而应用本身也将成为一种体验。 |

图 7-1-1　体验式创意手法的步骤

## (二)情感化创意

设计可以改变人们的生活,通过情感产品的设计来拉近人们之间的距离,并改善人们的生活环境,使其达到美化效果。用设计的手段来引导和改变人们的生活方式,这是设计对人们的最大的影响。

人是有情感的社会群体。现代设计可以说是在人类的需求促使下发展起来的一种造物活动。所谓的人的情感,不仅仅包括人与人之间的情感,同时也包括人与物质之间的情感。所以,设计师与其作品之间是有情感交流的,设计师在设计的时候,就应该从使用者的心理角度出发和考虑,在心理上迎合人们的欲望，为满足人们的需求而设计。这就要求设计师不能够把设计看作是单纯的一种物的表象，而应当看作是与人交流的媒介，把作品当作有情感的"人"来看待，这样才会使得设计出来的作品更有魅力和吸引力。

人对物产生感情是因为产品自身充满了情感。人可以将自身的情感赋予物质，通过自己的行为活动表现出来，获得直观的感受和视觉效果。但是，这种满足感在心理层次上的表现不像在物质层面上表现得那么直观，因为心理感觉往往是难以用语言表达出来的。产品自身充满情感，加上人是有情感的，所以人对产品就会产生情感，但是往往连人自己也说不清这是一种怎样的心理。

一般来说，人无论到什么年龄，最怀念的永远是童年时候的美好回忆。例如，我们童年时候穿过的衣服，很多年后回想起来，还是具有特殊的情感，它们甚至能不时地勾起自身温馨的回忆。尤其是一件设计作品或产品从一开始就融入了设计者的丰富的情感，那么它一定具备某种非同寻常的感染力，除了让人爱不释手外，还会有很久远的回味空间。这不仅有利于设计的纵深发展，也是现在全球提倡的绿色环保概念最佳的用物方式。

### （三）"虚拟故事"创意

最初，服装的发明只是为了满足最基本的需求——遮羞、避寒取暖。但是随着社会的进步和人类文明的发展，在当今社会中，服装已经不再仅仅满足人们的生存需求了，同时服装审美也成为一个重要的研究领域。尤其是创意服装，更是在主题上有着很特殊的设定和戏剧化的联想空间。故事的情节可以引导出创作的灵感起源和特殊的思维纵深度。故事在构思方式上也有不同的类型，有些是关于品牌文化的起源，有些是具体创作主题思想的戏剧化故事，也有些是纯意境的渲染。

说到服装品牌，很多人应该对意大利著名时尚品牌——Roberta di Camerino 不陌生，大多数人看到这个，应该想起的是杰瑞·柯恩创作的著名音乐剧 *Roberta*。

说到 *Roberta* 就不能不提起 *Smoke Gets in Your Eyes*，作为音乐剧 *Roberta* 的主题歌，它深深打动了人们的心，其中就包括少女时期的 Camerino 夫人。对 Camerino 夫人来说，Roberta 这个名字包含了温柔、刺激、新鲜等所有的情感，这些情感不但感动了她的心，并且也是她创作的动力。于是，在 1945 年，Camerino 夫人采用 "Roberta" 作为品牌名称，象征她幸福的少女时代。Camerino 夫人由一个皮包开始，踏出设计师的第一步。之后数十年，从皮鞋、珠宝、眼镜、手表、香水、化妆品到各类男女服饰、陶瓷器及家居用品，Camerino 夫人都从生活体验中撷取灵感，强调生活的实践经验，不以流行作为盲目的创作题材，使每件作品都蕴涵着对生命的炽热，并传达出属于 Roberta di Camerino 独特的艺术风格。

### （四）"解构重构"创意

下面我们主要从起源和发展、服装设计领域的"解构主义"和"解构重构主义"的具体实践案例三个方面对"解构重构"创意进行探讨。

1. 解构主义的起源和发展

解构主义的起源与现代主义和后现代主义息息相关。在 20 世纪六七十年代之前，现代主义一直推行"功能第一，形式第二"的设计风格，并且得到了鼎盛发展。但是在 20 世纪六七十年代，社会物质财富膨胀，人们对精神审美的要求逐步提高，现代主义这种形式逐渐走向瓦解，它的设计风格也遭受质疑，不断走下坡路。在这种形势下，一种以反对国际主义和现代主义为宗旨的思想——后现代主义孕育而生。

20 世纪 80 年代，解构主义设计风格的探索兴起，但它的哲学渊源则可以追溯到 1967 年。当时一位哲学家德里达（Jacque Derrida，1930--2004）基于对语言学中的结构主义的批判，提出了"解构主义"的理论。他的基本立场是张扬自由与活力，反对秩序与僵化，强调多元化的差异，反对一元中心和二元对抗，进而反对权威，反对理性崇拜。

所谓解构主义，实际上是对现代主义原则和标准的批评和继承。继承指的是它仍然会将现代主义中的语汇运用到设计当中，但是会有选择地使用，并且，会通过对原有的、既定的语汇之间的关系进行颠倒、重构，进而实现新的组合，产生新的设计和感觉。当然，对原有语汇进行重组只是一个方面，最根本的还是要调整原有的设计原则，赋予设计新的意义。因此，解构主义利用分解的观念，将原有内容打碎、叠加、重组，造成个体和部件的不同，从而避免总体的统一，创造出支离破碎和不确定感。

2. 服装设计领域的"解构主义"

在现今社会，解构的内涵随着社会的发展和人们审美要求的提高，也逐渐发生着变化，简单的打散重组已经不能满足其要求了，相比较而言，重组之后形成的新的形式语言更加重要。服装设计本就是一门复杂的艺术，拥有丰富的设计语言，在多样性和发散性技法的作用下，这些语言会产生多种形式，时刻影响着服装结构的变化。服装设计领域的"解构主义"指的是满足"解构主义"设计理念的、通过设计师巧妙的手法做出的新的、有意味的结构，而不是为了体现"解构"而任意打散重组，导致被解构打破衣服的基本形式。这样的衣服已经失衡，根本不能算是解构主义服装设计。

同样是解构主义服装，不同的文化背景下产生的服装风格却大相径庭。例如，在女装方面，日本和欧洲的风格就迥然不同。日本的解构主义服装设计，通过大片布料巧妙拼叠翻转形成中性、古怪的风格，强调个性的表达，甚至构建出另类的服装内空间与外空间的对比；而欧洲的解构主义服装设计，偏向强调人的性感，常常在胸部和臀部做特殊的设计，利用纷繁错落的解构手法让观者将视线集中于此，或反其道而行，重点部位若隐若现或者接近裸露，更显女性身体的性感与优美。这两种服装设计完全不是一个风格，但是在日本设计师的巧妙设计下，反倒觉得穿着的人相当独特，有一种另类的造型美感。

经解构主义设计精心处理的相互分离的局部与局部之间，往往存在着本质上的内在联系和严密的整体关系，并非是无序的杂乱拼合。现代服装设计领域解构主义的代表人物有日本的川久保龄和英国的亚历山大·麦昆（Alexander McQueen）。川久保龄是时装界的创造者——一位具有真正原创概念的时装设计师，凭借着她最重要的观念——解构，打造出十分前卫的设计风格，融合了东西方的概念，被服装界誉为"另类设计师"。她的设计正如其名，独立、自我——只要我喜欢，没有什么不可以。她将日本典雅沉静的传统、立体几何模式、不对称重叠式创新剪裁，加上利落的线条与沉郁的色调，与创意结合，呈现出意识形态的美感。

亚历山大·麦昆是英国著名服装设计师，他的设计与一般人不一样，他总能跳出局限，想出很多天马行空的创意，给人意想不到的惊喜，所以人们给予其极高的评价，称他为时尚圈的鬼才。虽然他是英国人，但是在其作品中，我们不仅能看到英式的定制剪裁，而且还能看到法国的高级时装工艺和意大利的手工制作工艺，可见其涉猎范围之广、手艺之精。另外，亚历山大·麦昆的作品特点主要可以概括为以下几个方面。

（1）他特别擅长用狂野的方式表达情感，在他的作品中，我们能感受到浓厚的情感力量、天然能量和浪漫感情。

（2）他的作品时代性很强，充满现代感，具有很高的辨识度。

（3）在他的作品中融入了很多互相矛盾的元素。

在服装设计中，对服装解构的解构只是表面意义，而真正的更深刻的意义其实是对于社会模式和大众传媒中有关性别、地位、经典等的流行套路的解构，以及对正统原则以及正统标准的批判和新的诠释。对经典和流行套路的解构也很常见。袖子挂在前身，或者西装领子的轮廓用于骨骼线的设计，或者干脆将几件各自完整的成衣拼合成新的造型，等等，都让人觉得服装的思维已经到了一个超脱常规而极为自由的境界。

3. "解构重构"创意案例

如图 7-1-2 所示，作品名称为《白芍冉墨—白鹤凌》，接下来我们就围绕这一作品，对其创作步骤及其创意进行解析。

**图 7-1-2　白芍冉墨—白鹤凌**

（1）创作的灵感来源是美丽纯洁的白色芍药，可能笔者也十分偏爱白色，更喜欢白芍药婉约的华丽，脱俗而不失饱满。

（2）确定主题方向，创作此次主题的草图，草图的创作围绕着对白芍隐约的印象，也会在不经意间融入突然闪现出来的灵感点，最后形成一系列具有丰富造型而形式感又统一的草图，从中选择比较好的方案。右边的第一张编号为"小逐凌熵—81a"叫白鹤凌的人物华丽的头饰和灿烂的花形服饰造型，点、线、面组合具有鲜明的识别性。

（3）先在人台上简易测量草图形式感在人体上的准确布局尺寸，然后通过电脑修图软件 Photoshop CS6 将需要的局部造型切割出来，将尺寸放大到与测量的人台 1 ：1 尺寸，再用"渐变映射"选项减淡线条的颜色，然后打印出来。再在人台上论证比例的准确性，如不是最合理的尺寸，就根据打印稿与电脑结合，重新调整电脑中图像的尺寸，再次打印出来。

（4）将打印的图稿与立裁结合，找出设计图中的人体的最佳骨骼线，先用布以原型的裁剪尺寸包好人台（创意的服饰线条众多，用标志线已无法快速准确地完成创意上的众多线条的准确位置），再在人台坯布上根据打印的图稿设定好结构线。

（5）将人台上的主要结构线拓在纸上，扫描后输入电脑，不是涉及关键结构的图形设计直接在电脑中用绘图软件 Illustrator CS6 用矢量线条绘制出。然后在电脑里将综合图重叠的部位复制分片。

上述操作步骤分解为具体操作图，如图 7-1-3 所示。

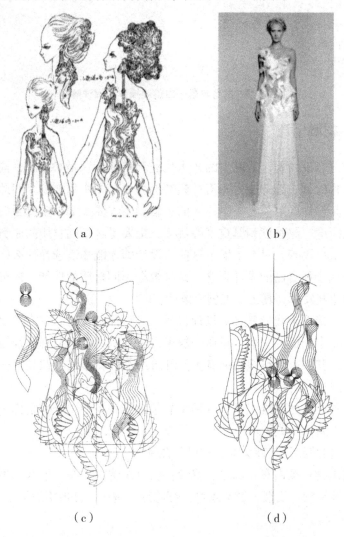

（a）　　　　　　　　　　　　　（b）

（c）　　　　　　　　　　　　　（d）

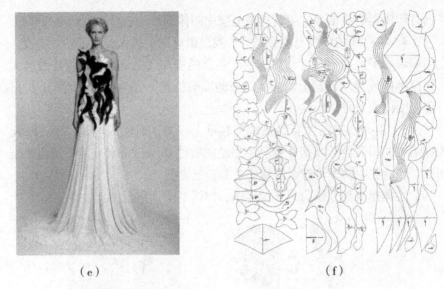

（e）　　　　　　　　　　　　　　　　　（f）

图 7-1-3　白芍冉墨—白鹤凌操作步骤详解图

## 二、材质创意

作为一名设计师，最基本的艺术功底和审美意识是必备的，同时，对于设计材料的材质感知能力和潜行塑造能力也是非常重要的。因此，设计师应该对其设计的材质有一个深入的了解。不仅要了解材质的强韧度、伸缩度、光泽度、温暖度和厚重度等特征，更要了解不同材质的原料、生产过程、加工手段等。只有了解了这些，设计师才能知道选择什么样的材质才会更好地诠释自己的设计理念，并且根据不同材质的性能，还可以进行更多的创造性发挥，真正实现创意设计。

因此，接下来我们就针对设计材质，进行详细探讨。首先，要对材质的种类有一个全面的了解。材质一般可以分为两大类，分别是纤维织品和非纺织品。其中，纤维织品又有天然纤维织品和化学纤维织品之分。下面我们一一进行介绍。

第一种，天然纤维织品。这种织品包含四种类型，分别是棉织品、麻织品、毛织品和丝织品。

（1）棉织品。其种类主要有以下几种。

平纹织物：漂白布、麻纱、罗缎；斜纹织物：斜布、卡其、牛仔布、华达呢；缎织物：贡缎；绒类织物：灯芯绒、绒布；其他棉织物：提芯布、网眼布。

这种织品的特征主要是质地柔软、触感好、吸湿性强、耐久性强、实用性强、易缩水、易起皱。

（2）麻织品。麻织品主要包括麻、亚麻、苎麻三种。这种织品的主要特征是吸湿、散湿快、透气佳、清爽且质地坚固、光泽好、弹性好、易起皱、抗霉性强。

（3）毛织品。毛织品主要有两种：第一种，精纺呢绒，包括法兰绒、麦而登、海军呢、粗花呢等；第二种，长毛呢绒，主要指的是混纺织物。

这种织品的主要特点是韧性与伸缩性佳、透气性好、保暖性好、手感丰满、光泽含蓄自然、不易起皱、易起毛球、易缩水、易蛀虫。

（4）丝织品。丝织品的种类较多，一般包括如下几种。

纺织品：电力纺、富春纺、尼龙纺、华春纺；绸织品：塔夫绸、双宫缎；缎织品：软缎、库缎、金雕缎；锦织品：蜀锦、云锦、宋锦；罗织品：直罗、横罗；纱织品：花纱、素纱、乔其纱；绫织品：美丽绸、真丝绫；呢织品：四季呢、仿建呢；绒织品：丝绒、金丝绒、立绒。

该类纺织品的主要特征是光泽鲜艳、舒适爽滑、悬垂性好、易皱、易断丝、易沾油污。

第二种，化学纤维织品。这种纺织品也可以分为四种，分别是针织品、锦纶织品、涤纶织品和粘胶织品。

（1）针织品。这类织品的优点是吸湿性和透湿性好，而且质地柔软，具有很强的延伸性和伸缩性，穿着舒适，穿脱也方便，但是也具有容易起静电和起球的缺点。为了便于设计和加工，有时候也会将针织面料经过一些处理，使其产生仿丝绸、仿毛织的效果。

（2）锦纶织品。这类织品主要有锦纶塔夫绸、锦纶绉、锦粘花毛呢。它的主要特征是耐磨、耐热、耐光性能差，舒适性、染色性好过涤纶。

（3）涤纶织品。常见的涤纶织品种类较多，主要有以下几种。

涤棉混纺：的确良、涤棉蓝花布、细布、卡其；涤丝混纺：仿生缎、仿丝绸；涤麻混纺：仿麻磨力克；涤绢混纺：涤绢双宫缎；腈纶织物：保暖、耐光性好，但不耐磨，常用于户外服装；腈纶混纺：腈纶驼绒、腈纶花呢、腈纶华达呢；氨纶织物：弹力足、手感平顺、吸湿透湿性良好、不起皱；其他混纺织物：丙纶、氨氯纶、维纶等合成纤维。

涤纶织品最显著的优点是强度大，不易变形。所以，一般情况下，它能够保持良好的形状，可穿性强；但是它也有一定的缺点，如吸湿透湿性差、易产生静电、不易上色。

（4）再生纤维织品。这种织品比较特殊，它是通过化学方式对自然界的纤维素、蛋白质纤维进行加工合成的，是一种再生纤维。这种织品的常见种类主要有以下几种。

人造棉织物：人造棉；人造丝织物：人造无光纺、美丽绸、富春纺；人造毛织物：毛黏花呢、人造华达呢；牛奶丝：大豆丝、花生丝、甲壳素等，以蛋白纤维合成；合成纤维：原料为石油、天然气，以化学手段合成。

黏胶织品是一种人造化学纤维，与其他化学面料相比，它的优点是吸湿性好，穿着舒适，容易上色且能表现出亮泽的效果，价格低廉；缺点是强度小，很容易变形或破坏，弹性和抗皱性都比较差。

第三种，非纺织品。除了纺织品，服装设计与制作中常见的材料以毛皮材料和皮革类材料为主。

（1）毛皮材料。毛皮材料也可以分为天然毛皮和人造毛皮。天然毛皮可分为针毛、绒毛和粗毛，它是指用动物的皮毛经过鞣制加工而成的材料。这种材料在高档时装的设计制作中经常使用，质感华丽，且具有保暖、轻便、耐用等特点。虽然天然毛皮有很多优点，但是随着人们逐渐提高的动物保护意识，服装设计中已经逐渐减少了使用，并用人造皮毛进行替代。因此，人造皮毛被更加广泛地运用到今日的服装设计中。

（2）皮革类材料。皮革类材料一般包括两种，分别是天然皮革和人工合成的皮革。好的人工合成的皮革甚至可以达到仿造各种天然皮革的效果。天然皮革的制造过程就是将动物的皮毛经过化学处理后去掉毛，留下皮板即为皮革。而合成皮革是用人工制造的原料制成，一般是以梭织、针织、无纺织物为底布，表面加以合成树脂制成。

上面我们所说的这几种材料，都是设计师们进行服装设计的载体，如图7-1-4和图7-1-5所示，分别是采用了不同材质设计出的作品。解构和重构是创新的必经过程，它们是对传统模式的一种突破。在现代社会中，人们的审美品位越来越高，对服装设计的要求也越来越严苛，所以设计师如果一味模仿或复制原来的事物，设计是永远不会出彩的，也永远跟不上时代发展的步伐，满足人们的追求。因此，还是这些设计材料，设计师要不断研究其特性，在此基础上进行创新和发展。

图 7-1-4　染色缎、玻璃纱制品

图 7-1-5　天婵缎、真丝绡制品

## （一）材质的二度造型

　　社会在不断发展，任何领域都不可能停滞不前，时尚界更是如此。在现代化社会中，每天都有无数新的资讯，服装设计也需要顺应时代的需要，不断进行创新变化。这里要探讨的材质的二度造型指的是对服装材质进行立体方面或具有三维空间的造型，这是创意服装设计的主要方法之一。这是因为在目前这个瞬息万变的社会当中，时装的材质纵然丰富多彩，但随着设计师之间的交换使用，也已经变得没有新意了。因此，他们迫切需要一种更好的设计途径来将作品发挥到极致。

材质除了结构和色彩上的丰富变化外，材质的肌理再造型是实现材质个性化改造的最佳途径之一，而且在产品要求批量生产的今天，这种改造方式使得设计师对面料的直接设计而不必去担心因数量的限制而无法定做，设计师可以根据自己的想象和要求进行面料的创意设计。早在 20 世纪七八十年代，西方和日本的设计师就把后现代主义和解构主义的观念融入材质的创新中，使服装艺术发生革命性的变化，一些惊世骇俗、另类的设计不断冲击着大众的眼球。

同样的材质，在不同的设计师眼里，可以有很多种不同的设计方法，不同的设计师可以采用不同的思维途径对原材料进行打散、重组，进而使用丰富的工艺手法，让材质在造型上形成肌理的对比、空间的塑造和色彩的流动等特殊的形式感造型，让设计师的奇思妙想可以在性别、时间、文化、种族的界限之间自由游走。一般在材质上有这样几部分的内容：图形、图案、材质肌理、空间光影以及色彩等几种基本变化。而我们这里提出的材质的"二度造型"是一种相对较为立体的材质再造型变化，手段不仅限于材质本身，是用一种全新的途径对材质的另类改造。

设计师的情感往往可以通过材质肌理进行抒发、表达，因此，这也是他们的一种设计语言。不同的材质有着不同的肌理，象征着不同的表情和特征，给观者直观的印象和触感。时尚的生命周期是短暂的，消费者追求新颖的好奇心永远不会衰退。设计师如何在流行周期内得到认同？如何在品位与文化的差异间找到立足点？或者索性跳出短暂时尚流行的"生物圈"。材质的"二度造型"，使材质在形式、肌理或质感上发生质的变化，丰富其原有的面貌，并以新的、极自由的方式诠释时尚概念，拓宽了材质的使用范围和设计空间。因此，设计师需要找到属于自己个性的具有高识别性的创意作品，就需要掌握二度造型的本领。接下来我们对这一概念进行具体阐释，主要包括以下几个方面。

1. 构成形式

材质的二度造型的材质形式感造型类似仿生构成手法，就是将自然形态中的动物或植物等的色泽和质感运用到设计当中，从天然的元素中汲取灵感，发掘它们自身隐含的特殊形态规律，进而将其与设计师的内涵相结合，运用具象和抽象等手法对其进行重塑。

所谓具象构成手法，就是指用材质比较形象地模拟自然的质地、形态和色彩，吸取自然形态中潜藏的内在特点运用到作品中。抽象构成手法是指通过对具象的高度提炼，形成相对典型的无实义图形，从中把握材质的体感、量感。对这些参照的形式感语言进行主观上的特殊"简化"。格式塔心理学认为，任何形，都是知觉进行了积极组织或建构的结果和功能，而不是客体本身就有的。采取抽象的符号图形表现材质的立体形态，通过对点、线、面构成组合，形成丰富的、具有高识别性的图形设计。

材质形式感图形语言的空间层次构成：首先我们需要设定好造型的内外空间形式的构建，将材质以同一元素为单形或构建几种不同的基础单形，然后通过某种形式法则加以重构和变形，产生丰富的肌理立体形态。

作品《紫原戊彩》（图7-1-6）选定三种基础材质：鸡皮绒、真丝绡和超柔软。然后对主材质鸡皮绒和真丝绡进行初步的单形设计，以中国典型图腾"龙"为灵感载体，设计出大约20多种独立个性的单形。鸡皮绒与超柔软从一开始就通过复合工艺黏合在一起，超柔软在内侧，所以材质在视觉上体现不太明显。运用单层切割材质，形成初步的半浮雕空间造型。这些单形元素多层次组合形成面，面的多层次组合形成复合空间，在设计上采取虚实对比、抑扬顿挫，使材质的空间造型形成错落有致的视觉美感。

材质形式感图形语言的多元化、逻辑化构成，将同元素的材质以不同的面积、不同疏密结合的材质质地，形成丰富的肌理对比。粗纺材质与精纺材质的对比、凹凸有致的变化、软硬材质的组合，产生富有变化的视觉效果。

（a）

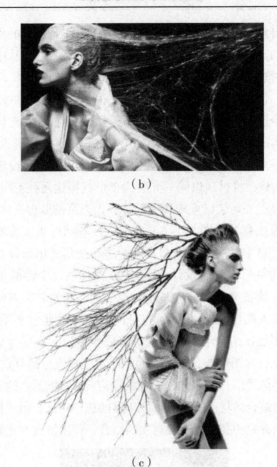

（b）

（c）

图 7-1-6 《紫原戊彩》部分图

## 2. 思维方式

材质"二度造型"的思维方式需围绕服装设计主题风格的定位来进行构思。灵感是作品的灵魂，是设计师创造思维循序渐进的一个重要起始点，也是完成设计作品的基础。灵感的产生需要设计师有天马行空的丰富想象力，灵感显现后的完美表现更要求设计师具备良好的艺术表现能力和扎实的专业实践基础。材质的"二度造型"作为视觉艺术，与现代绘画、建筑、摄影、音乐、戏剧、电影等其他艺术形式之间相互借鉴与融合。如建筑中的结构与空间、音乐中的节奏与韵律、现代艺术中的风格与色彩以及触觉中的质地与肌理，都将设计中包含的韵味达到另一种丰富的境界。设计师深厚的阅历还体现在运用不同民族文化元素在材质上的体现，如西方服饰中的褶皱、切口、堆积、蕾丝等立体再添加辅助材质的造型运用，东方传统中的刺绣、盘、结、镶、滚等工艺手法，以及靠近赤道地区民族的草编、羽毛、石头、鲜花等装饰手法，都可以成为设计师们进行改造的灵感源泉。

高科技的迅速发展也为材质的改造提供了更开阔的思路和方法，使更特殊的设计灵感得以转化为现实，同时促进了现代纺织业的进步和新产品的开发。尤其是现在最前沿的 3D 立体打印技术，可以制作出令人叹为观止的服装艺术作品。

3. 常用的几种塑型途径

一般常见的几种塑型途径包括材质"二度造型"的增形设计、材质"二度造型"的减形设计和材质"二度造型"的立体设计，其具体内容如图 7-1-7 所示。

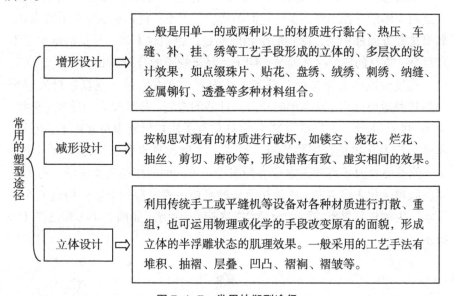

图 7-1-7　常用的塑型途径

4. 材质肌理变化中的特异手法

材质肌理变化中常用的特异手法主要有以下几种，下面我们分别对其内容进行详细介绍。

（1）近似手法

一般情况下，我们说两种东西近似，是因为两者之间有相同之处，但又不完全相同。就服装设计来说，无论是形状、大小，还是色彩、肌理等，都有可能产生灵感的碰撞，出现设计上的共同点，这就可以说它们是近似的。但是存在多少共同处才能称之为近似呢？这并没有一个固定的值或范围，不同程度的近似，呈现出来的设计感就会给人不同的感觉。但是为了保证设计的独特性和统一性，近似程度不能过大也不能过小。

总之，近似形之间是一种同族类的关系，形状的近似、骨骼的近似、质感色彩的近似等。自然界中存在着许多相似的例证，美丽的鹅卵石每一块都十分相似，却多多少少有一些肌理、形状以及大小的区别，完全一样的自然物是不存在的。因而在艺术中，绘画讲究不同笔触间的对比与协调，色彩讲究细微的变化牵动作品的无穷变化，这是一种忌同存异的原则，"因细微的变化而让作品变得更生动"。寓"变化"于"统一"之中是近似构成的特征。

（2）重复手法

顾名思义，重复，就是在同一设计中，超过一次出现相同的形象。当然，界定两个形象是否相同，要从它们的形状、大小、色彩和肌理等方面考虑，如果这些方面都相同，则它们是相同形象，否则就不是。重复的基本形不宜复杂，重复的设计手法简洁、明了，易于视觉的分析判断。

重复构成的美感特征：整齐、壮观而又富有力量。重复在材质肌理中的几种运用方式：基本形的重复、骨骼的重复、各种要素的重复（形状、大小、色彩、肌理、方向的重复）。例如重复手法在材质中褶皱化工艺处理，典型的代表人物是在服装界有"哲人"之称的日本服装设计大师三宅一生，他始终着力于纯粹艺术和应用服饰艺术。他的作品造型简洁、有力，面料肌理变化丰富多彩，从最初简洁的平褶一直发展到奇妙的构成艺术，三宅一生的作品具有典型的材质"二度造型"手法，如图7-1-8和图7-1-9所示。

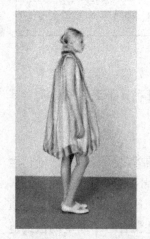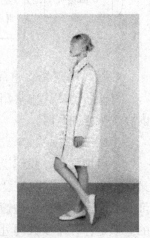

图 7-1-8　RESORT 2013 Issey Miyake

图 7-1-9　PRE-FALL 2014 Issey Miyake

（3）特异手法

特异是指构成要素在有秩序的关系里，有意违反秩序，使少数个别的要素凸显出来，以打破规律性，形成视觉冲击焦点。人类在长期受规律约束的状态下，往往产生某种逆反心理，如用艺术的语言来描绘，它是一种另类表现。对特异进行分类，可以从多个角度进行分析，如图 7-1-10 所示。

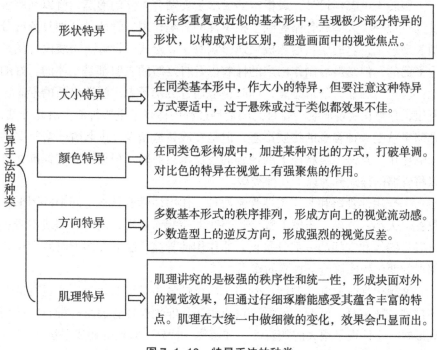

| 特异手法的种类 | 形状特异 | 在许多重复或近似的基本形中，呈现极少部分特异的形状，以构成对比区别，塑造画面中的视觉焦点。 |
| | 大小特异 | 在同类基本形中，作大小的特异，但要注意这种特异方式要适中，过于悬殊或过于类似都效果不佳。 |
| | 颜色特异 | 在同类色彩构成中，加进某种对比的方式，打破单调。对比色的特异在视觉上有强聚焦的作用。 |
| | 方向特异 | 多数基本形式的秩序排列，形成方向上的视觉流动感。少数造型上的逆反方向，形成强烈的视觉反差。 |
| | 肌理特异 | 肌理讲究的是极强的秩序性和统一性，形成块面对外的视觉效果，但通过仔细琢磨能感受其蕴含丰富的特点。肌理在大统一中做细微的变化，效果会凸显而出。 |

图 7-1-10　特异手法的种类

对比有时是形状上的对比，有时是色彩和质感上的对比。对比可产生明亮、激烈的视觉作用，给人深刻的印象。自然界充满了对比，四季的色彩对比、花卉的色彩对比等。形成对比的关系条件有大小、明暗、粗细、轻重、锐钝等。对比的分类有以下几种。

①形状的对比：完全不一样的形状，必然产生互相之间的对比，但需注意造型之间的融合感，做到统一中有变化。

②大小的对比：形状在画面中的面积大小不一样所构成的对比。

③色彩的对比：色彩在色相、明度、纯度上会产生色彩对比，譬如冷暖色彩的强烈视觉区别。

④肌理的对比：肌理会在粗细、软硬、润滑和粗糙、纹路的凹凸感方面产生对比。

⑤方位的对比：画面中形状的方位，如上下、左右、高低不一样而产生一定的对比效果。

⑥重心的对比：重心的稳定与动荡、倾斜与中正对人心理产生的感觉是有很大区别的。重心不稳，人的心理会产生焦虑感而影响了作品的美感。

（4）骨骼运用

服装无论怎样设计，最根本的要求是要贴合人体的形态，所以在服装设计过程中，人体的骨骼起到了根本性的影响作用。骨骼是一种具象的分割表现形式，它的生长形态极大地影响着服装形式的设计。服装设计图纸是平面的，但是最后制作出来的样衣以及打好版的衣服都是立体的，好的设计应该能凸显人的形态美，同时也能通过分割形态，塑造出新的形态。所以，骨骼在实现服装千姿百态的造型过程中体现了重要价值。由此可见，骨骼虽然是一种客观的物质形态，但是在服装造型设计中起着非常重要的影响作用，且是人类精神上的情感的重要承载空间。根据不同的标准，可以将骨骼的样式分为以下几种类型。

①作用性骨骼和非作用性骨骼两种。作用性骨骼是指空间中的图形在位置、大小、方向、疏密上都受骨骼线的控制而体现，同时骨骼线本身还可以是图像和空间的一部分呈现；非作用性骨骼，隐藏在图形与空间中，图形的变化构成遮掩了骨骼的作用。

②规律性骨骼和非规律性骨骼。规律性骨骼是按照数学方式进行的有序排列，如重复、渐变、发射等构成手法；非规律性骨骼是一种自由的构成形式，它体现了很大的随意性，如密集、特异、对比等构成手法。

## （二）材质的色彩创意

没有人生来就会创作图形，艺术家创作图形的能力也是后天长期培养和感悟的过程。与之不同的是，人生来就对色彩有着各自特征的感觉，这就是人的色彩感，它是与生俱来的、第一性的。在服装设计过程中，色彩设计是重要的设计要素之一，也是作为视觉设计艺术最灵活、最丰富的视觉表达方法之一。所谓的色彩心理，指的是当我们的视觉接触到一组色彩基调时，所产生的与之相关的精神、内涵、意义等的联想，这是一种对于客观世界的主观反应。也就是说，不同的人看到同一色彩，可能产生不同的心理联想。这种联想可以是具体的事物，也可以是抽象的氛围，但所有思维的源头离不开生活。

在不同的地区，人们的生活习俗和情感表达方式都不一样，所以同样的色彩也会被赋予不同的意义。例如，红色是中国传统文化中象征吉祥的颜色，古时候结婚，新郎新娘都要穿红色的喜服。而相应的，白色在我国具有不吉祥的文化含义，所以一般在丧事中人们会穿白色衣服。但是在西方国家，白色被视为纯洁、美好的象征，新娘的婚纱是白色，以此象征爱情的纯洁、忠贞。随着社会的发展与文化的交流，我国也有新娘穿婚纱的习俗了。

再如，不少国家和民族都以黑色作为丧服的颜色，因为黑色显得严肃、庄重，但在西方，新郎的结婚礼服却用黑色；西方人认为黑色庄重威严，而中国人视黑色为黑暗。许多国家都喜欢绿色，特别是居住在沙漠里的阿拉伯人视绿色为生命的象征，用于国旗上；但日本人却忌讳绿色，认为绿色不吉祥；在马来西亚，绿色被认为与疾病有关；埃及人则视绿色为恶魔；而中国又视绿色为春天的象征。

在服装设计中，材质的色彩选择可根据当今的流行趋势、图案的组合效果和加工工艺的处理程序、优化配合三个方面做调整。材质的图形设计、色彩的艺术性构成在服装形态和立体形态的效果上有着明显的作用。这里我们要介绍的材质的色彩创意主要表现为以下几个方面。

1. 专用性的材质肌理色彩设计

色彩专用性是指职业标志性的专用色、企业形象及产品的标志色、国家民族的标志色。色彩与图形在一定视觉范围内可进行识别。

2. 装饰性的材质肌理色彩设计

具有色彩装饰性的材质，其图形色彩设计是一种有约束性的设计，色彩的装饰性应体现在色彩的寓意性和象征性等方面。利用装饰性的色彩向图形肌理各个部分渗透，进而形成一种全方位的视觉扩张。这种具有民族文化特色的色彩有利于融入市场，受到广大消费者的喜爱。

3. 材质肌理色彩设计的形象性

材质肌理色彩设计的形象性主要通过两种形式来体现，分别是单套色设计和多套色设计。采用单套色设计方法时，一般是为了起到纯粹的美化形象的作用，所以它往往在无意识的、强调塑型的方面进行。材质肌理色彩单套色彩配色构成材质图形色彩时，往往是近看图形的肌理变化、远看色彩，它不仅要体现人们的时尚品位，同时也要体现民族特色和时代特点；既要具备实用价值，又要包含个性的艺术情趣。这种设计方法需要设计师尝试大量自由式的手绘图稿，从中寻求具有完美形式感的图形设计，经过反复练习实践，达到能正确运用造型艺术的基本语言。从图形色彩处理，到图形变形，将两者融为一体，从而激发创造意识。通过修改调整、转折式的启发创造各类构成形式，使设计师能感觉到美的形式，更能形象地表现自己所想象的形态。

材质肌理色彩的多套色设计，配色时要考虑基调色和配色的变异。所以首先一定要对色彩的分类和特性等有充分的了解。在运用色彩的时候，要对每种色彩的明度、彩度、色相进行详细了解，以及考虑它们搭配在一起会产生怎样的视觉效果，以及它们应该运用怎样的面积比例搭配在一起才能产生最好的效果。其次，在确定好图形之后，要找出色彩调子。因为每种色彩的三要素都不相同，所以可以根据不同色彩的三要素变换不同的调子。可以强调画面的明度、鲜艳度、补色的组合等。另外，还可以将各种对比性质的形式语言运用于形态构成当中，如大与小的对比、明与暗的对比、虚与实的对比、强与弱的对比等。我们可以从自然唯美的色彩搭配图片中，抽离出当中的几组色调，设定制作色组方案，运用到所选定的材质肌理当中，形成丰富的图形与色彩的契合。

通过以上分析，可以发现，色彩，对人的情感会产生很大的影响力，进而可以支配人的行为。因此，在商品销售过程中，色彩成为直接决定销售量的重要因素。在这里，我们主要探讨的是服装材质肌理色彩的设计，它与其他艺术表现形式有所不同，属于实用美术设计范畴。像绘画、雕塑、音乐、舞蹈等艺术形式，它们完全是艺术家个体对客观存在的认知与再现，是艺术家个人意识和情感的纯粹表现；但设计的色彩受到消费者喜好和销售引导等诸多方面的影响。所以，在进行材质肌理色彩构思时，要对色彩的艺术装饰效果和社会象征意义，色彩的实用性功能和生产技术及工艺的可行性等进行全面考虑。

设计师在进行色彩创意设计时，应该从多个方面对人的心理进行分析，包括年龄、性格、地区、环境等，从而找到不同人群对于色彩的不同感受，进行针对性的设计。就拿不同年龄层次的人来说，一般可以分为以下几个阶段。

（1）幼儿阶段。幼儿的特征就是天真烂漫，对色彩敏感，喜欢鲜艳、明亮、活泼的色调，如黄色调、绿色调和红色调。

（2）青年阶段。青年人充满朝气、思想活跃，对色彩的追求大多数偏向大方、雅致、新颖等特质，注重新颖、独特，追求商品美的夸张性、随意性和差别性，突出个性特征。

（3）中年阶段。中年人相较于青年人来说，经历比较丰富，各方面趋于成熟，很多追求也都比较务实，审美心理倾向于含蓄。多喜欢色彩纹样新颖、稳重的类型，不求浓艳而倾向于典雅、恬静、素淡。

（4）老年阶段。老年人阅历丰富，在选择颜色时，一般具有一定的保守性、理智性和自信心，因此，比较偏爱舒适、庄重、大方的蓝、灰系列。另外，老年人难免会有一定的怀旧心理，因此购买商品时，习惯购买自己所熟悉的，对新产品往往持怀疑态度，但一经排除了这种怀疑，求新、求奇的审美心理就会萌生。

当然，影响人们色彩感的不仅是年龄层次的差异，从事不同的职业、不同的性格、不同的喜好等都会让他们对色彩的选择产生重要影响。设计师在设计时，要充分考虑到各个方面的因素，进而有针对性地进行处理。材质肌理色彩的构思通常离不开灵感的启示，客观存在的任何事物和现象都可能成为材质色彩构思的灵感源泉，由此得到对构思的启发和引导，通过分析和概括、判断和推理、归纳和结合等进行新的色彩形象改造。

# 第二节　装饰性的艺术创意

艺术创意以多种形式存在，每种形式都有其自身的内在特点。装饰艺术就是其中的形式之一，它是通过装饰手段制作的。人们的审美标准随着时代的变化也在不断发生改变，所以在进行装饰性的艺术创意设计的时候，应该参考当下时代的审美标准，对现代服饰中的装饰美感进行设计。同时，应结合现代服装设计理念与时尚手法，把装饰艺术恰到好处地运用到创意服装设计中。下面我们从以下三个方面来进行具体论述。

## 一、装饰性艺术创意图形设计中的布局安排

装饰图形在创意服装设计中的布局安排首先需要考虑如何融入结构设计，其次要对受众的性别、年龄、需求等各个方面做综合考虑，并进行相应调整，以求做到装饰图形与人体三维立体结构的契合与统一。

装饰图形在创意服装设计中的构图位置对效果的影响举足轻重，不仅需要考虑图形与服装造型的搭配关系，同时还要兼顾与人体三维立体结构之间的联系。图形在服装设计格局上的分布需要考虑形体特征，还要兼顾人体运动时廓形变化对装饰图形的影响。所以只有安排在最合理的位置上，才能体现出设计的巧妙和达到最终的理想效果。服装中可以装饰的部位很多，如领、袖、肩、胸、背、腰、下摆、边缘等。

装饰图形在创意服装中的设计方式主要包括两个方面，具体如图7-2-1所示。

创意服装的设计方式 { 
为了达到突出图形设计的目的，需要安排在人体形态中比较醒目又利于构图的位置，面积尽量小而有效。如领口、前胸局部、腰部、袖口、下摆等位置设计装饰，根据人体曲线变化和可能运动的范围轨迹巧妙设计图形，要求图形做到舒适、合理、精致、耐看。

将装饰图形设置在并不醒目的位置，随身体运动若隐若现，体现出含蓄婉约的装饰美感。

图 7-2-1　创意服装的设计方式

## 二、装饰性艺术创意图形设计中的色彩搭配

不同国家、地域的装饰图形的色彩都建立在其悠久的传统文化之中。从色立体的角度分析横截面的色彩体系，每一级的灰度对应着的都是具有各自色彩感觉的色相环。面对色立体抽象的"球体"表面，找出每种色彩对应的明度序列，它们之间的搭配呈现着最浓郁的色相对比。

中国是一个拥有浓厚的文化底蕴的国家，其中，装饰性艺术中的色彩

搭配在中国文化中也有所见长。例如，我国的阴阳五行哲学衍生出了五色色彩体系，对我国的服饰图形色彩搭配产生了重要影响。观察我国的装饰图形色彩搭配的特点，以纯度高、对比性强最为突出。纵观我国历代的艺术品，大到各种建筑物，小到各种丝织品、陶瓷器皿等，都具有十分鲜明的特色，而且显得典雅、沉着，具有很深刻的含义和象征，极大地丰富了我国传统装饰图形的色彩。这一优势被很多设计师运用于服装装饰色彩的设计当中，他们不断汲取其中的精髓，设计出极富特色的服装装饰色彩。

将视角放到更大的领域中，从各个民族角度来考虑，不同民族因为其地域环境、民俗文化等的不同，在装饰色彩上表现出的特点也不一样，具体表现为对色彩的纯度、明度有着不同的偏好。我们都知道色彩的三要素分别是色相、纯度和明度。其中，色相是组成整体色调的最基本单元，同一种色相下，运用不同的明度和纯度，就会造就不一样的视觉效果，这就直接影响着一个民族的色彩特点。

另外，不同的色彩无论是受其色相的影响，还是受到明度和纯度不同的影响，它们给人带来的轻重感觉也是不一样的。例如，非洲人本身肤色较黑，所以他们在选择色彩的时候，多偏向较为沉重的颜色。但是通过观察他们的服饰图形，我们会发现，正是这些低明度和低纯度的色彩，却总是给人带来鲜明的视觉冲击。所以，这就有力地推翻了"鲜明等同于高纯度色彩"的错误认知。实际上，鲜明是色彩与生俱来的特征，但是要将其更好地表现出来，应该选择合适的对比色，使其在综合对比中保持整体的鲜明性，这就需要用一些含灰量较大的颜色作为画面的衬托与对比。所以这些低纯度、低明度的色彩组合成了鲜明的非洲本土味道的色彩体系。

正因为影响美国国家或地域装饰色彩的因素多种多样，而且不同国家和地域的装饰色彩特性有所不同，所以，设计师在进行设计时，首先应了解所针对的国家或地域。不过，针对设计师个人的专业技能提升来说，他们应该更多地了解不同国家和地域的装饰色彩，并将这些独特的色彩基调在创意服装设计中加以运用。这样做的好处是不但可以降低设计师尝试色彩运用的失败率，而且长时间积累起来的经典色彩搭配，再通过现代时尚的设计手法，可以给创意作品提供丰富的色彩设计资源。

## 三、装饰性艺术创意图形设计中的造型变化

装饰图形的形式感结构偏向程式化、秩序化。传统装饰图形注重形式

美、外在美，强调形式表现，与现代服饰文化简约、时尚的风格有很大的差距。因此，在现代服装设计中，我们对传统装饰图形的运用要做较大调整。

曾经有一位美学家说："艺术不能寡味独沽，它的营养来源要杂，它要从社会各个方面吸取有益于自己的营养……艺术杂取养分的目的是'提纯'自己，而不是变成'四不像'。"说明对传统文化的继承与创新在于设计师本身的修养和设计感觉，要用现代的眼光与自身的时尚感来改造古典的装饰图形，使其呈现出"复古"的味道，而不是古典。奥地利画家克里特画面中背景的许多纹饰图形就直接取自于东方作品与中国的装饰风格。

装饰创作，应从中国传统民族民间艺术中的多种艺术门类和国外各艺术流派中汲取营养和精华，去更好地发现和发展，如汉代画像砖、唐代敦煌壁画及年画、木刻、剪纸等；除此之外，还要用夸张变形、装饰抒情、灵巧笨拙的线条、色彩等技巧、手法，从朴实的节奏和美中汲取创作灵感，用自己的感受和理解去探求发展自己的风格，让形式语言更为纯粹，符合时代审美要求。

对创意服装设计中装饰图形进行造型变化，常用的有两种方法，分别是分解重组和化繁为简。下面我们对这两种方法进行详细论述。

## （一）分解重组

传统装饰图形的组织结构形式强调对称与饱满，喜欢秩序、稳定，造型结构四平八稳，视觉感安定、舒适，力求将每个形象都完整地展现出来。现代服装设计则完全可以打破这种固定的程序化表现模式，设计师将图形进行分解、打散、错位，展现出另类的视觉冲击力，在用线的构成方式上也可以做一些小小的创新。

如图 7-2-2 所示，作品《苍穹药蝶》，在柔美的气息间透露出来的骨感，同时兼具柔美的线条和"筋骨"式的力度感，骨骼式的抽象枝干造型嶙峋沧桑，这样骨感而具有力量的线条用另一种形式诠释了现代特有的装饰美感。

综上所述，设计师设计时，首先要明确设计意图，然后可以根据设计的意图将抽离出来的元素重新进行排列组合，这是一种接近于抽象装饰效果的变形手法，可将分解后的图案交错、重叠排列，使其之间产生相互透叠的视觉效果。当然，也可以打破传统，故意营造一种具有独特审美意境的残缺美，只需要在不影响服装整体效果的前提下，故意缺失图形的部分形象，保留主体或边缘部分。

（a）

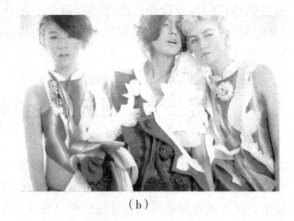
（b）

图 7-2-2　《苍穹药蝶》

## （二）化繁为简

所谓的化繁为简并不是简单的减法处理，而是要求设计师更精简、准确地完成对图形的塑造或用统一的手法使众元素一体化，体现出时代气息和时尚元素。

无论多么复杂的内容，统一在面的空间里就成了一个整体，瞬间化万千于一物。古典的服饰运用装饰图形往往铺天盖地，相对于现代生活方式而言过于烦冗复杂。我们需要运用聚焦理论，通过现代设计理念简化造型或统一造型，保留图形神韵特色，同时延续其精神风貌。

改造后的图形造型时尚、复古、简洁，具有强烈的装饰美感和设计师的个人特征，譬如对中国文化中装饰图形的理解与体现。中国文化对设计师的启迪，是一种精神源头，设计师生搬硬造地运用，把中国元素像符号一般到处标贴，这样的设计只能"扭曲"了文化。设计师应尽可能从"神韵"的角度来传达中国装饰文化的精神，要透彻理解中国文化的神韵。

中国文化博大精深，要运用好它，首先得深入理解它，汲取它的精髓之处。不求在具体的元素上有相对应的部位，但求作品所流露出来的是具有中国气质的神韵。我们前面提到的《紫原戊彩》就是一个典型的例证。《紫原戊彩》以中国古老的神物"龙"作为设计的灵魂载体，通过对各个造型进行观察，完全体现了设计师的独特风格，是设计师个人独有的既优雅又可爱的龙图腾造型。从线条的造型上完全脱离了中国传统龙的形象，但作品的神韵却流露出浓厚的中国气息。在造型手法上用的是极现代的构成设计，设计时就设定了作品包含着复古的气息，而不是纯粹的古典。复杂的鳞片虽多，却以大块面的整体形式出现，丰富而易于视觉识别。

# 第三节　创意服装设计的灵感

创意服装设计并不是设计师凭空想象的，它需要建立在一定的灵感基础之上。有时候，好的灵感甚至可以成就一个传世之作，这样的例子不胜枚举。接下来我们就围绕创意设计的灵感这一中心，来详细探讨其来源和在创意服装设计中的表现等。

## 一、创意服装设计的灵感来源

任何设计活动都需要有一定的灵感作为设计的源头，在创意服装设计中，设计师们的灵感常常可以从以下几个方面获取。

### （一）大自然形态

我们常用将大自然比作人类的母亲，那是因为大自然赋予了人类一切生产生活所需的资源，人类的一切创作活动都需要从大自然中获取灵感。数千年前，在人类开始有图案设计行为时，很多大自然的造型就被应用于设计上，如陶艺、壁画、布料、棺木等大量地取用了自然界的纹样。大自然的鬼斧神工曾经让无数的文人墨客流连忘返，同样也激发了设计师强烈的创作欲望与无限的创作灵感。优美的风景、漂亮的花草、日月星辰、风雨雷电、河流山川，甚至自然万物的生长灭亡都会给人以灵感。因此，在漫长的历史岁月中，人们一直是把大自然的造型视为设计之重要因素。

服装设计艺术包括的方方面面，如造型、色彩、图案、面料等都可以在大自然中找到雏形，很多设计艺术家都喜欢应用植物、动物或景物的形状、印象来进行模仿设计，服装设计中据此进行模仿设计的范例很多。下面我们来具体分析设计师们是怎样将大自然与设计艺术结合起来的。

（1）仿植物形态。设计师们常常将花草树木、叶脉造型，以及它们的色彩、纹理等运用到服装造型设计中，使得作品更加灵动美妙。如图7-3-1所示，设计师的灵感来源于水果香蕉和樱桃。

图 7-3-1　仿植物形态的设计

（2）仿动物形态。大自然中飞禽走兽、蝴蝶及各种昆虫的形态结构带给设计师无限的联想，动物天然形成的毛皮纹理也为服装设计师提供了丰富的设计素材。如图 7-3-2 和图 7-3-3 所示，设计师的设计灵感分别来源于蜘蛛网和甲壳虫。

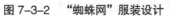

图 7-3-2　"蜘蛛网"服装设计　　　　　图 7-3-3　"甲壳虫"服装设计

（3）仿景物、自然常态。大自然瞬息万变，自然景物也是多姿多彩。如天空和海洋的蔚蓝、溪水清洌的透明、朦胧的晨雾、岩石的纹理、水的流线型或涡旋形、海螺的螺旋形以及夕阳、沙砾等都可以成为设计师们进行服装设计的灵感来源。如图 7-3-4 所示，是设计师模仿海螺的形与色而作的服装设计。

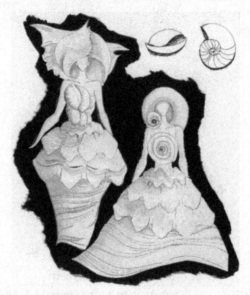

**图 7-3-4 "海螺"服装设计**

大自然固然丰富多彩，几乎所有人能看到的、感受到的物体，都可以成为设计师们的设计灵感，但是借鉴不等于照搬或复制，而应在大脑中有一个艺术加工与提炼的过程，同时，还应注意服装的功用性。因此，设计师在借鉴自然形态进行创意设计时，要注意对自然形态进行提炼、概括或重构。那种从表面上模仿动、植物形态所复制的服饰，充其量只是对原始形态的演绎，还称不上服装创意。"感物吟志，莫非自然"，但关键还在于设计者独特的慧眼。

## （二）传统民族服饰文化

社会在不断发展的同时，也带动了文化的前进，源远流长的传统服饰文化是现代服装设计重要的灵感来源，为其提供启发和借鉴。艺术源于生活，传统服饰文化也是人们在长期的生活实践中积累起来的。加上不同支系、不同地域的民族的穿戴习俗不同，对于服饰情感的表达也不一样，由此，先祖们创造了大量具有较高艺术欣赏价值的传统服饰。

各民族不同的服装样式、色彩、图案纹样、装饰以及风土人情等常常包含着丰富的含义，其服饰图案更是各民族的"密码"，蕴藏着大量的寓意和故事。因此，服装设计师从传统民族服饰文化中提取设计元素时，应首先了解它们的文化内涵，这样才能设计出有一定分量和独具个性的服装作品来，如图 7-3-5 所示。

图 7-3-5　传统服饰文化影响下的服装设计

当然，民族服饰元素只是作为服装的一个创意点出现，并非将其照本宣科的忠实再现，而是每位设计师除了巧妙地留下其精神真髓之外，还必须不断地更新和突破传统，突出超前意识，与时代相融合，才能创作出独树一帜的服装设计作品。

## （三）相关艺术

虽然艺术形式多种多样，但是每种艺术之间都是相关联的，如绘画中的线条与块面、音乐中的旋律与和声、舞蹈中的形体与动感、雕塑中的空间与形态、摄影中的光线与影像、诗歌中的呼应与意境等诸多艺术形式都是创意服装设计的灵感源泉，都有着共同的艺术创作规律，不仅在形式上可以相互借鉴，在表现手段上也可以融会贯通。电影艺术也是一样，法国设计师纪梵喜为《罗马假日》中奥黛丽·赫本所设计的系列造型大获成功。"赫本模式"曾引起一代人的痴狂，也激发了艺术家们对服装美的探索。

就服装来说，它是一门独立的艺术，却可以融入很多其他艺术类型。尤其是对于创意服装设计来说，适当汲取其他艺术门类中的营养，是其发展所必需的。而且，不仅绘画、摄影等视觉艺术可以为其提供灵感，在音乐、诗歌等非视觉类艺术中有时也可以获取灵感，这就是艺术的通感在发挥作用。从蒙德里安的冷抽象到康定斯基的热抽象、从东方艺术到西方艺术、从波普艺术到嘻哈之风，都可从中找到运用于服装设计中的灵感。下面我们来列举几种能够激发创意服装设计灵感的艺术类型。

（1）绘画。绘画不仅是服装设计的相关艺术类型，甚至可以说是服装设计不可分割的一部分，就如服装设计师必须要求拥有绘画功底一样。从绘画艺术中获取灵感是设计师们进行创作的捷径。设计大师伊夫·圣·洛朗便是其中的高手，他将马蒂斯、布拉克、梵·高、毕加索、蒙德里安等画家的画意，水乳交融般地注入其服装作品当中。其中他以梵·高的油画作品《蓝蝴蝶花》作为素材，设计了一件钉满珠片的华贵上衣，共用了60种色彩变化微妙的珠片，制作耗时600小时，油画刮刀笔触的艺术效果都逼真地表现在他的"立体主义"系列作品中，可以称得上是一件奇妙的艺术品。

（2）建筑。建筑学对服装式样的影响也很大，这主要是由于它随处可见、易于了解的缘故。同时，服装造型艺术和建筑艺术都有着相同的设计原理和艺术表现形式，都是表现三维空间美的艺术，都有着长久的视觉生命力。因此，黑格尔曾把服装称为"走动的建筑"，也一语道出了服装与建筑之间的微妙关系。如十四五世纪，受哥特式建筑风格的影响，欧洲出现的男士的尖头鞋和女士的尖顶帽均借鉴了哥特式尖顶建筑的特征。又如英国设计师亚历山大·马克奎恩曾直接把中国园林建筑中亭台楼榭的微缩模型作为头饰来彰显他前卫的创作风格。还有瓦伦蒂诺从中国建筑的飞檐造型的启发，设计了翘边大檐女帽。

（3）音乐和舞蹈。虽然这两种艺术类型不像绘画一样讲究造型，但是跳动的音符、优美的旋律、激情的摇滚、舒展的舞姿等都具有强烈的艺术感染力，都可以激发人的创作灵感，对服装的影响也是很明显的。如图7-3-6所示，是著名设计师卡尔·拉格菲尔德借鉴音乐中的乐器而设计的服装。他别出心裁地将乐器与人体巧妙结合，体现了他卓越的设计才能。

（a）　　　　　　　　　　　　（b）

图 7-3-6　卡尔·拉格菲尔德借助乐器设计的服装

## （四）时事动态

　　社会大环境下所发生的任何大事情都会成为公众关注的焦点。服装设计师从时事动态中获取灵感的范例很多。1991 年海湾战争爆发期间，瓦伦蒂诺在他的时装发布上所展示的"和平服"，用银色和灰色珠片绣有十四种语言的"和平"一词，与有珠片拼贴的和平鸽装饰的白缎短上衣相搭配，从没有一件服装能如此强烈地表达当时人们的心情和愿望，至今令人难忘。同时，一些设计师也敏感地将军绿色、大立体口袋、宽松裤、多口袋夹克等军旅元素表现在服装设计中，并迅速在世界上流行开来。又如 2001～2002 年在上海举办的 APEC 会议，各国首脑人物展示了中国唐装（便装）的风采，在世界上掀起了一股唐装热，乃至一切中国元素都能激发设计师们的创意灵感。再如"1997 年香港回归"的世纪盛事感染并激发了设计师们的色彩灵感，一片欢庆回归的鲜亮色彩便不约而同地出现服装设计中。如图 7-3-7 中的服装设计都是迎合当时的时事动态的产物。

　　通过这些例子，我们可以得出结论：我们的生活时刻都在发生变化，这就要求我们对时事动态要时刻关注，因为它随时可以影响到我们生活的方方面面，包括这里我们探讨的服装设计领域。时尚潮流是更新变化非常快的，服装的潮流与时事动态也有着很大的关系，就像上面的例子中所说，很多顺应时事设计出来的服装往往能带动一个潮流，而且会成为经典。服装是人类特有的劳动成果，也是时代的解码——可以通过服装这面"小"镜子图解社会这个大舞台，它不仅反映了时代的主换、社会的变迁，还折射出了思想的进步和观念的革新。这就要求服装设计师对社会所发生的时事动态要有敏锐的洞察力和判断力，巧妙地利用这些因素，并用服装的语汇和符号来诠释自己对这些现象和事件的态度，且这样的服装容易与大众产生共鸣。相反，如果设计师只是一味停留在自己的世界里，对外界的时事不予理睬，那么他们设计出来的服装就可能与现实潮流不符，久而久之，难以收到大众的青睐，也难以创造出具有震撼力的经典之作。

图7-3-7　时事动态影响下的服装设计

## （五）流行资讯

在设计灵感来源中，流行资讯是最直观、最快捷、最显而百易见的，也是最容易被运用于服装设计中的信息参照点。它包括网络、杂志、报纸、书籍、幻灯片、录影带、光盘、展览会等流行资讯，同时，世界时装大师和各服装品牌公司每年或每季所举办的服装发布会以及每年国内外各类服装流行预测机构所做的流行预测发布会等，更是设计师们的灵感源泉。此外，各类与服装无关的出版物与展示也可能成为设计师们的设计资源。总之，即使足不出户，也可知晓天下事，如图7-3-8所示。

**图 7-3-8　流行资讯影响下的服装设计**

服装设计离不开流行，而流行资讯又是最重要的媒介。因此，设计师在平常要养成收集和整理资料的习惯，以便拓宽自己的设计思路。当设计者看到这些比较直观的资料时，设计灵感便会如泉水般涌现，脑海中便会不断地闪现出新的想法，就会形成新的设计。

### （六）科技成果

从表面上看，科技需要的是严密的逻辑思维，属于自然科学范畴，而艺术设计注重的是跳跃的形象思维，属于人文科学范畴，两者似乎是毫不相关的两个领域。但是从更深层次来分析的话，服装与我们的生活息息相关，科技研究的成果也反映了当代社会的进步程度，如现在已研制出的冬暖夏凉型空调服装、免洗型环保服装及牛奶纤维、可食面料、夜光面料，等等。所以很多科技成果也能为我们的服装设计提供灵感。

科技成果对在很早之前就已经对服装设计领域产生了重要影响。例如，在 20 世纪 60 年代，航空航天技术的突破性发展曾经对设计界产生了极大的影响，服装设计大师皮尔·卡丹（Pieere Cardin）所设计的著名的宇宙系列服装就是以此灵感创作的，他设计的"卫星式"礼服颇似即将升空的火箭，表现出强烈的科幻印象，如图 7-3-9 所示。

随着中国神舟五号、六号宇宙飞船的成功发射，太空元素再次成为设计师们的创作题材。利用科技成果设计相应的服装，尤其是利用新颖的高科技服装面料或加工技术，为服装设计师拓宽了新的设计思路。设计师安德来·库雷热（Andre Courreges）也受到了这一科学技术的冲击，他设计的太空系列服装极具未来精神，但又简洁、实用，体现出他敏锐的观察力和优秀的设计才华，如图7-3-10所示。

图7-3-9　"卫星式"礼服　　　　图7-3-10　太空元素服装

## 二、创意服装设计中的灵感表现

灵感往往是转瞬即逝，非常短暂的，所以一旦出现，应该及时记录并表现出来，否则就有可能错失良机。就像我们所熟知的，牛顿因苹果的落地受到启发而产生灵感，发现了万有引力定律；莱特兄弟从鸟儿身上找到了灵感，发明了飞机。但如果他们不及时表现这些灵感，就不会有今天的成就。说到表现灵感，为了让灵感保持其绝妙和清晰，需要有一定的表现程序来处理。一般而言，灵感的表现程序有以下几个步骤。

### （一）收集

收集进行创意服装设计的第一步，指的是积累服装设计所需的素材。一般来说，虽然灵感是突然产生的，但是它是建立在日常积累的情报之上的，如果没有这些积累，这些灵感也不太可能会出现。因此，设计师在平常就应养成广泛收集素材的习惯，并将其储存在脑子里。这既能让设计师把思维集中，又能给设计师提供形成理念的设计线索。收集情报有多种方法和途径，如面辅料、摄影、色谱、建筑、化妆品、草图、包装纸、广告、海报、家装设计、墙纸、服装、明信片、报纸等。除此之外，在不相关的领域，因为一些突然的契机，也有可能会产生设计灵感，如数字、香味、声音、陨石、新闻事件，等等。信息量越多、越新鲜、越有价值，就越有利于设计理念的建立。总之，丰富的生活阅历是灵感最直接的来源。

## （二）记录

我们说过，灵感一般停留时间较短，只是灵光的乍现。因此，一旦出现，一定要及时记录。例如，我们知道圆舞曲之王约翰·施特劳斯的传世杰作《蓝色多瑙河》，却没想到这首曲子竟然也是来自一次突然的灵感。约翰·施特劳斯和女友郊游时，突然来了灵感，但身边无纸，就马上脱下衬衣，在袖子上谱写起来，正是因为这及时的记录，才成就了这首经典乐曲。又如J.K.罗琳创作世界闻名的小说《哈利·波特》的灵感来源于她乘火车时，夜幕下那一闪而过的影子，就像在魔法世界中，她当时没带纸笔，就及时地把想法记录在餐车的点菜单上，最终获得了成功。

人们常说，好记性不如烂笔头，记忆力再好，大脑容量也是有限的，记住的事情逐渐增多，大脑的压力也越来越大。而且大脑的记忆有时候也会出错，甚至只是短暂停留。因此，随身带着一个速写本或日记本，并把一些零散的信息、念想以及问题及时并快速地记录下来是非常有必要的。这些看似零碎的信息或许有朝一日能给你的设计带来奇思妙想。

灵感的记录方式可以是多种多样的，可按照个人的工作习惯和环境条件来定。记录方式大致有：文字、图形和符号。记录不必讲究形式，信笔涂鸦都可，只要自己能看懂就行。

## （三）整理

灵感停留时间短暂，因此，就算及时记录，也只能是潦草简单的，因此，为了不让记录流于形式，日后看到还能清楚地理解具体的内容，要及时对所记录的内容进行整理。当然，并非每个灵感都适合表现该设计主题，可以对每个灵感进行筛选，从中找到最佳发展方向，然后再用自己特殊的艺术形式把它"翻译"出来。如有设计师的设计灵感来源于某种昆虫，便直接将服装造型设计成该昆虫的形状，就像少儿节目中的表演道具，在艺术创作中追求再现是费力不讨好的事。

对设计灵感进行整理，可以以多种形式进行呈现，既可以以文字的形式进行表现，也可以以草图的形式表现出来。无论哪种形式，只要方便自己理解就好。所谓设计草图，就是指快速、粗略地画出来的设计图稿，它能帮你对收集到的素材进行选择，把创作的激情引向最终的设计成果，这是整理思路和图像的第一步。草图最好能从多个角度来画，有些以总体造型为重，有些以局部细节为主，不仅可以为系列化设计铺平道路，而且多角度画草图有助于提高设计速度，也可能遇到灵感的再次出现。同时，在整理的过程中有时又会有新的灵感闪现，可以不断丰富你的设计内容。设计草图确定以后，用恰当的服装效果图形式表现出来。

### （四）完成

最终效果图是将草图和人体动态结合的产物。因为最终设计出来的服装应该注意一定的穿着效果，要考虑的因素就很多了，包括服装的外形、色彩、面料的质感等，还要考虑一定的艺术效果，包括表现技法、构图、装裱，等等。同时，灵感表现的完成阶段还要根据纸面上的着装情况，对整体设计构思进行必要的修改。

所谓整体设计，包括的就不仅仅是服装了，还要考虑与之相应的鞋、帽、包、袋、首饰等配件设计，甚至还应考虑到模特儿表演时的化妆、发型、道具等与服装的协调性，使设计更加完整。整体感强的服装设计具有更强的视觉效果，让人产生完美的视觉享受。服装效果图这一步骤完成之后，设计师就可以检查出这一虚拟的空间状态是否合理，灵感的表现程序就算是结束了。

下面我们通过一组图来具体看看设计师们是怎样通过这一系列步骤完成一个整体设计的，如图7-3-11所示，是一组从长城和军旅元素中获取灵感所设计的服装。

（a）　　　　　　　　　　　　　　　　（b）

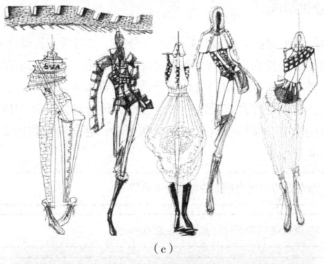

（c）

（d）

图 7-3-11 灵感表现程序

# 第四节 服装创意设计的过程

　　服装设计需要遵循一定的程序，尤其对于创意服装设计来说，创意是重点，怎样实现创意、将创意发挥得淋漓尽致是其核心内容。因此，接下来我们就针对服装创意设计的过程，进行详细论述。

## 一、分析阶段

分析阶段最重要的是对设计提要进行分析。在创意服装设计的过程中，有一个步骤是必须要做的，也是创意设计关键的第一步，那就是在接到创意装设计任务之后，要确切弄清楚设计命题的具体要求是什么，并仔细分析设计提要，这些是作品成败的关键。因此，设计师需要罗列以下这些关键问题，有利于进一步理清自己的思绪和更好、更准确地表达设计创意，具体如图 7-4-1 所示。

该创意设计的命题的内涵和要求是什么？

与该命题相关的设计元素和信息有哪些？

设计作品的创意点在哪里？

准备表现什么样的服装风格？

采用什么样的色彩组合？

拟采用调研的方式方法有哪些？

需要采用哪些面料和辅料？到哪里能买到？如没有相近的面料，那么准备采用什么技术解决？是否要做面料的二次设计？怎样做？

服饰配件有哪些？哪些是自己做？哪些要购买？到哪里有买？

需要参考哪些书籍或了解哪些相关信息？从哪些渠道获得？

设计是否有期限要求？

（分析阶段的关键问题）

**图 7-4-1  分析阶段的关键问题**

当然，将这些问题罗列出来之后，最重要的是要对其进行认真分析，结合自己的想法，在这个过程中，让自己的设计思路一点点清晰起来。

## 二、准备阶段

　　分析阶段是用脑的过程，且停留在思考阶段。而准备阶段已经进入具体的设计流程，而且它是需要用到手和脑的综合能力的过程。准备阶段是创意装设计环节中最重要的，也是最烦琐的工作。俗语说得好："磨刀不误砍柴工。"因此，收集各种资料与信息是成功的设计得以拓展的关键。准备工作做得越充分，设计起来就会更得心应手。对于需要做的准备工作，可以从以下几个方向着手。哪些素材是可以用于表现设计作品的；哪些设计想法是可以引申发展的；哪些信息是你所需要的，而你还没有掌握的。

　　为了让准备工作做得更充分，就要尽量充分地收集相关资料。但是在这个过程中，要注意方式方法和条理性，以免花费过长的时间和精力，反而还没找到重点。

　　在准备阶段，为了收集更全面、更丰富的资料，一般可以采用以下两种方式。

　　（1）确定收集信息的范围。包括与设计主题相关的资料及相关方面的知识。

　　（2)拟订收集、整理信息的方法。信息收集的方法多式多样，但最主要、最核心的还是多观看，对各个领域的相关内容都有所涉猎，将会对日后的设计起到很大的帮助作用。可以观看的领域十分广泛，如书本、时尚杂志、书画展、电影、戏剧、博览会、博物馆、美术馆、建筑、旅行、上网、交易会、旧照片，等等，直到找到能启示你的设计创意的灵感源。

　　如著名设计师加里亚诺的设计作品充满了童话色彩，总能满足人们对服装的幻想，充满了视觉快感，正如他自己所说："我的本能是形象思维，我的乐趣是逛博物馆，那里往往能唤起我的创作灵感。"另一位设计大师伊夫·圣·洛朗也曾说过："我对日常生活的任何事物都感兴趣。""我要观察一切、浏览一切、看电影、读报等……听音乐或在街头漫步的时候，也许正是灵感火花迸发之时。"

　　在观看的过程中，要及时将有关问题、想法和信息记录下来，并用草图勾画出适合该设计主题，同时又是设计者所感兴趣的设计素材。这有利于设计师将短时记忆转移到长时记忆里去。其实，记录、整理信息的过程，也是设计者在头脑中对所有信息进行筛选的过程，因而对有利用价值的信息资料肯定会格外留心。

当然，设计灵感并不是你努力了就会有的，有时候是徒劳而返，不能给你这次的设计带来立竿见影的效果，但是这些信息量的储备将会使你一生的设计受益匪浅。

## 三、构思阶段

通过对以上信息资料的观察和分析，设计师可初步寻求出所需传达对象与资料中的事、物、环境、情景等之间的连接点与相似点，并结合流行变化的趋势，以寻求各种组合的可能性。这时设计师便由前期准备阶段进入了正式的设计构思阶段。

构思指的是在脑海中完成整体服装设计所需要的一切，包括确定服装的主题、造型与色彩、选择合适的面料与辅料、考虑对应的结构与工艺、设想样衣的穿着效果等。构思环节是设计过程中最重要的环节。创意思维不同于一般的思维活动，它要求打破常规，将已有的知识轨迹进行改组或重建，以创造出新的服装样式。因此，在这一阶段，设计师应敢于突破传统，充分发挥想象力和创造力，让自己的思路往更宽阔的道路上走。

法国设计大师波尔·波阿莱就是敢于突破传统，勇于创新的代表人之一。他在创作时从不随波逐流，勇于打破传统的思维框架，把数百年来在妇女身体上的紧身胸衣在设计表现中去掉，使受封建传统习俗束缚的妇女们不仅从身体上而且从精神上解放出来，取而代之的是宽松、自然的高腰身的细长形希腊风格，这在服装史上具有划时代的意义。

设计构思的方法有多种，最基本的构思方法包括两种，分别是从整体到局部和从局部到整体。下面我们以"蝴蝶"命题为例，分析设计师们在设计过程中可以怎样进行构思。

说到"蝴蝶"，首先我们会想到的是其飘逸的外形、斑斓的色彩或动感十足的舞姿。因此，设计师在设计构思时，就可以借鉴这些元素，进行创造性发挥。围绕这一个主题，可以设计出多种不同的风格和图案，同时，不同的服装选材也会大大影响设计效果。设计师可以在经过不断地对设计方案的否定与肯定的交替中，调整设计方向，直到确定最后的设计雏形。然后，以这个点放大到整体的系列设计中。如图 7-4-2 至图 7-4-3 所示，就是不同的设计师围绕这一主题设计出来的服装，我们可以看出，同样是以蝴蝶为设计元素，但表现出来的服装风格却完全不一样，这正是受到不同设计师的不同构思方法影响的结果。

图 7-4-2 胡蓉的设计　　　　　　　　　图 7-4-3 唐娟的设计

## 四、实施阶段

设计师在通过对多种方案的比较之后，选出较为理想的设计方案。实施阶段是将这一设计方案由理论形式转入到可视形式。主要分两步来完成，具体内容如下所示。

1. 服装效果图表现

所谓服装效果图，就是指表现服装的穿着效果的设计图，它能将设计师的设计意图真实、形象、生动地表现出来，贯穿于设计的整个过程，表现在设计的方方面面，是设计师必备的"设计语言"。另外，不同的服装需要表现出不同的气质，因此，效果图的制作中人物动态的设计也很重要。同一件衣服，不同的人物形态会呈现出不同的感觉，可以是高贵、妩媚、柔美、干练、时尚、豪放等。为更有利于服装风格与细节特点的展示，往往会采用正面或半侧面直立的人体动态。如古典风格的服装应配合端庄、稳重的站姿，而豪放派的服装就应采用更夸张、形式更活跃的人体动态。

正因为每件衣服需要诠释不同的效果，所以设计师往往在设计中需要花费很多时间在构思新的人体动态上，影响设计思维的放射性发展。为了避免这一现象，将更多的时间用在有效设计上，设计师们常常会积累许多不同姿态和视角的人体造型草图，如图 7-4-4 所示。事实证明，这样的方法确实有效，而且对于缺乏经验的设计师来说，这样能腾出更多时间来设计。这样的话，设计师在设计时，就可以直接从多种形态中选择最合适的一幅作为眼前设计的人体底稿，直接在人体上穿衣、戴帽即可，如图 7-4-5 所示。

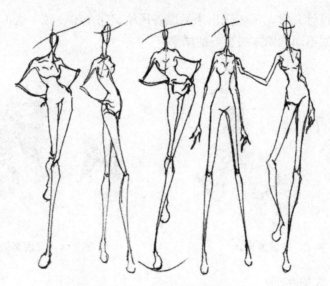

图 7-4-4　多种人物动态图

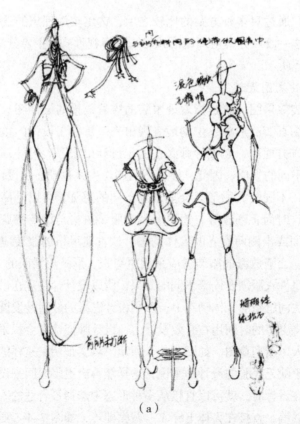

（a）

（b）

**图 7-4-5　直接在人物动态图上穿衣戴帽**

　　设计时可从中挑选出造型设计再考虑与之配合的人物动态，还可以把动态设计和服装造型设计一起考虑。同时，在表现系列服装设计时，还应考虑构图的形式美感和艺术效果。其实构图就是对画面视觉语言"美"的主观性处理，以达到构图的完整性。

　　综上所述，创意服装设计效果图要展现的是整体的效果，除了要突出服装的特色，还应该表现得大气、自然，要能给人以较强的视觉冲击力和艺术感染力。效果图表现出来以后，设计师还可以做适当的调整或修改，以便于设计师选择合适的面料与配件。但是因为效果图毕竟不是实物，所以设计效果图的时候也会存在很多问题。

　　（1）效果图太过强化一种艺术的欣赏价值，而往往不能较好地体现出服装的细节设计，这样就不利于后期的实物制作。为了解决这一问题，设计师在设计效果图的时候，可以在其正面或反面还应附上服装款式图和面料小样等。

　　（2）为了体现设计的创意，很多服装的外形需要采用夸张、不对称等结构形式，这时候选材就非常重要了。但是无论何种审美材质，在效果图上都是无法体现出来的，因此，设计师在设计的时候要添加详细的说明和注解，如图 7-4-5 所示。

2. 服装制作

这里所说的服装制作就是指样衣制作过程。前面我们说了，绘画的形式只能将设计师的设计停留在纸上，无法呈现出服装的立体视觉效果及设计的合理性，对于展现设计师的构思还是有较大的局限性。而样衣制作就很好地解决了这个问题，它是一个对原构思不断充实、完善的过程，是实现设计的一个重要环节。

实物的展现是最直观的，设计师的任何想象都必须具体化，所以在服装制作的过程中，或多或少的修改是必不可少的，顺利的话可能按照原构思意图完成设计作品，甚至也有可能将原构思全盘否定，以更新的构思替代原有的设计，这些都是正常的，也是每个设计师所经历过的，这也是实物制作的真正意义之所在。在反反复复地修改过程中，设计作品逐渐达到最佳境界。一般来说，服装实物制作有两种方式，分别是平面剪裁和立体剪裁。对创意服装设计来说，它的结构表现形式往往是大体积、不对称、多褶皱的，所以用立体裁剪来表现创意服装更合适、更直观、更便于修改。

## 五、整合阶段

经历以上四个阶段之后，设计工作并没有完全结束，设计师还要整理实践中的各种体验与知识，并运用一定的组合规律和变化形式，以产生系列服装设计，使整体服装设计更加完整、统一，这就是所谓的整合阶段。如图 7-4-6 所示，就是运用这种设计方法和步骤来完成的创意服装设计。

（a）

（b）

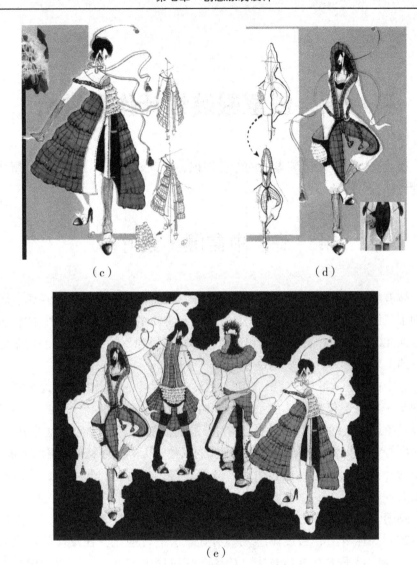

（c）　　　　　　　　　　　　（d）

（e）

**图 7-4-6　疯狂格子**

　　通过对上述五个阶段进行分析整理，可以发现，它们之间是环环相扣、紧密相连的，等到按照这一系列步骤完成自己的创意设计后，心里的感动就像自己孕育了一个新生命。这份成功离不开这每一步科学合理的安排。因此，设计师应了解和掌握这些必要的设计程序和方法，以便使设计过程有目的、按步骤、科学合理地进行，达到事半功倍的效果。

# 第八章　创意服装设计作品赏析

探讨完以上关于服装设计的专业知识，本章就对几个不同主题的服装设计作品进行欣赏解析。

## 第一节　中龠濒·絮叶蝉

体有着极其宽广的包容面，我们将在二维空间里对永恒美的探索，转移到了三维立体的世界中，由此呈现出一种神奇的不确定因素，它的包容面是如此的宽广，在各种因素和环境的影响下呈现不同的状态，展现忽隐忽现的美。

"中龠濒·絮叶蝉"变幻莫测，是设计师对体的一个较为全面分析。它的整个状态不仅拥有体的空间，同时也加入了调子的概念。通过各种各样具象或抽象的元素，无序中透着秩序的方式，有神话传奇中龙的引申，海洋中奇妙的物象，也有欧式兰草纹样的新用，以及波西米亚风格的俏丽，围绕海洋这个大主题，包容一切，分解嫁接，最后转化为立体，表现在服装上。

雕塑是永恒不变的主题，设计师在人体上通过松软的材质，一点一点雕塑到人体身上，通过体感光影对其思想进行强化。在设计师看来人因渺小而应显得更厚重和充实，让感觉变得庞大和宽广，让留于记忆深处的物象在虚幻的世界中成为庞然大物。如图 8-1-1 所示为设计师凌雅丽作品——中龠濒·絮叶蝉—印儿，这件作品以真丝绡、鱼骨、腈纶、网纱、进口毛线及鸡皮绒为材质，2005 年由概念摄影师张大鹏摄于线像工作室。

图 8-1-1 中龠濒·絮叶蝉—印儿

图 8-1-2 所示的作品为中龠濒·絮叶蝉—珊瑚龙。在这件作品中，设计师以真丝绡、鱼骨、腈纶、进口毛线、鸡皮绒、贝壳为材质展开设计。概念摄影师张大鹏于线像摄影工作室拍摄，造型师吴应会进行造型。

图 8-1-2 中龠濒·絮叶蝉—珊瑚龙

图 8-1-3 为中龠濒·絮叶蝉—小羊，这件作品的材质为真丝绡、鱼骨、腈纶、进口毛线、鸡皮绒、贝壳。概念摄影师张大鹏于线像摄影工作室拍摄，造型师吴应会进行造型。

图 8-1-3 中龠濒·絮叶蝉—小羊

图 8-1-4 为作品中龠濒·絮叶蝉—龙原，设计师凌雅丽采用真丝绡、鱼骨、腈纶、进口毛线、鸡皮绒、贝壳设计制作而成，吴应会造型，概念摄影师张大鹏拍摄于线像摄影工作室。

图 8-1-4 中龠濒·絮叶蝉—龙原

# 第二节　云鸿澄雨

红澜泽系列之"云鸿澄雨"着重描绘橙色天地中富有浓郁中国气息的红色精灵。蜿蜒而曲折的线条塑造了看似毫无规律的特殊形式的点、线、面的组合，却形成了视觉不对称的美感。红色具有独特的视觉聚焦特性，将这些犹如百年树干般无限沧桑的蜿蜒线形通过纯粹极致简洁的色彩逆向呈现出来。时尚、统一的定位，在造型上富有丰富的变化。

2014 年的红色系列尤其体现在 Dragon&Ivoryde 的新娘婚纱系列中，红色在中国也代表了喜庆。

设计师出于对红色的联想：想象某一天的傍晚，描绘心目中的太阳形象，是热烈的火焰中最亮眼的色彩。在遥远的思绪中，屡屡发散而去。

图 8-2-1 所示为作品红澜泽—云鸿澄雨大片系列，设计师以天婵缎、真丝绡、鱼骨为材质展开设计，吴应会策划造型，由概念摄影师张烨 2014 年拍摄于黑耳摄影工作室。

图 8-2-1　红澜泽—云鸿澄雨大片系列

图 8-2-2 所示为作品云鸿澄雨—红晴，设计师选择染色缎、玻璃纱为作品的材质，吴应会策划造型，摄影师虞海燕于 2014 年拍摄于黑耳摄影工作室。

图 8-2-2　云鸿澄雨—红晴

下面为大家展示云鸿澄雨系列作品，这一系列作品材质为染色缎、玻璃纱，具体如图 8-2-3 至图 8-2-11 所示。

图 8-2-3　羽凌　　　　图 8-2-4　诗原　　　　图 8-2-5　曲鱼儿

图 8-2-6　宣虞　　　　图 8-2-7　红晴　　　　图 8-2-8　红莲洁

图 8-2-9　赤云凌　　　图 8-2-10　樱恒　　　图 8-2-11　桦凌

图 8-2-12 为作品云鸿澄雨—翎池；图 8-2-13 为作品云鸿澄雨—樱恒；图 8-2-14 为作品云鸿澄雨—云鸿白羽。

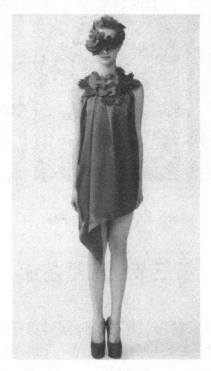

图 8-2-12 云鸿澄雨—翎池

（a） （b） （c）

图 8-2-13 云鸿澄雨—樱恒

（a）　　　　　　　　　　（b）　　　　　　　　　　（c）

图 8-2-14　云鸿澄雨—云鸿白羽

# 第三节　沉默是金

这一系列的服饰通过特殊立体式雕塑的形式沉石般地表现出来，运用丰富华丽的金银色彩，加上不同材质的点缀，形成一种美与创新共存的表现形式。设计师追求全方位角度的完美，这包括形式和风格上的完美和另类，让人过目难忘，形成一种冲击，一种强行介入，不由观众的思绪是否真的接受。

沉默是金系列是继 2008 年素宇风华凌窟冰蝶金色系列后的第二个金银色系，是设计师凌雅丽在 2011 年与德国高端电器品牌"Miele"合作的一次创意概念展，两次在材质上有较大的区别。冰蝶系列用的是传统的缂丝面料，金银色系的调子比较儒雅，有点淡淡灰灰的金银色。而沉默是金系列的金银色的材质用的是意大利进口的金银色，这些材质的特征是有着较强的色光度，比较柔和的视觉感，较强的时尚感。在与纯白的真丝绡结合后，呈现出精致的一面，也是另一种视觉焦点。这样的风格感觉设计师的一次新的尝试。以"沉默是金"这句中国的至理名言为主题，去塑造金色华丽的五彩世界。如图 8-3-1、图 8-3-2 所示为作品沉默是金大片系列，以真丝绡、鱼骨、真丝金、真丝银为材质，由曹卓进行的造型设计，由概念设计师吴晨曦拍摄于悟空摄影工作室。

图 8-3-1　沉默是金大片系列

图 8-3-2　沉默是金大片系列

# 第四节　云凌美人

　　红澜泽以"云凌美人"作为灵感，从柔美的身影中寻求冷艳高贵来对凌氏礼服的细腻与妖娆进行细细描绘。尤其是纯美的凌氏云鳞纹旗袍简洁、新颖，是近年的亮点。礼服以层层叠叠的立体新云纹为主体图案，塑造云儿一般柔情似水的中式女子，并且眉宇间流露出一丝淡淡的时尚气质。

　　云不仅是一种图腾崇拜，也是追求，气韵生动的表现。古典气息里婉约的现代女性温婉的美。"云者，地面之气，湿热之气升而为雨。其色白，干热之气，散而为风，其色黑。"云造雨滋润万物，给人们带来吉祥之意。设计师在造型上略改了中国传统的云纹造型模式，通过鳞与云的某种契合，再结合抽象的骨骼性图形配合，形成丰富层次与多立面造型的语言方式。好的寓意与唯美的表现手法的特殊结合，打造特有凌氏"云凌"中式礼服。如图8-4-1所示为作品云凌美人大片系列，礼服以天婵缎、真丝绡、鱼骨为材质，吴应会策划造型，概念摄影师张烨于2014年拍摄于黑耳摄影工作室。

图 8-4-1　云凌美人大片系列

　　图8-4-2为作品云凌美人系列，染色缎、玻璃纱为礼服主要材质。由吴应会策划造型，概念摄影师张烨于2014年拍摄于黑耳摄影工作室。

图 8-4-2　云凌美人系列

下面为大家展示由染色缎和玻璃纱为主要材质的云凌美人系列作品，具体如图 8-4-3 至图 8-4-11 所示。

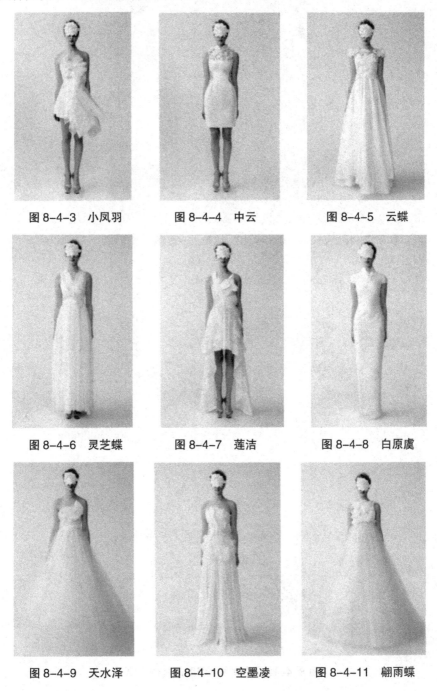

图 8-4-3　小凤羽　　　　图 8-4-4　中云　　　　图 8-4-5　云蝶

图 8-4-6　灵芝蝶　　　　图 8-4-7　莲洁　　　　图 8-4-8　白原虞

图 8-4-9　天水泽　　　　图 8-4-10　空墨凌　　　图 8-4-11　翮雨蝶

图 8-4-12 为作品凌美人—涅槃，其制作步骤如图 8-4-13 所示。

图 8-4-12 凌美人—涅槃

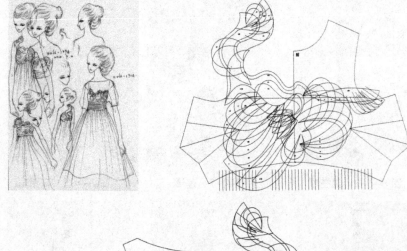

图 8-4-13 凌美人—涅槃的制作步骤

下面我们再来看设计师云墨里翊系列作品，这个系列主要采用黑色的染色缎、玻璃纱，同样由造型师吴应会策划造型，虞海燕摄影师 2014 年拍摄于黑耳工作室，具体如图 8-4-14 至图 8-4-22 所示。

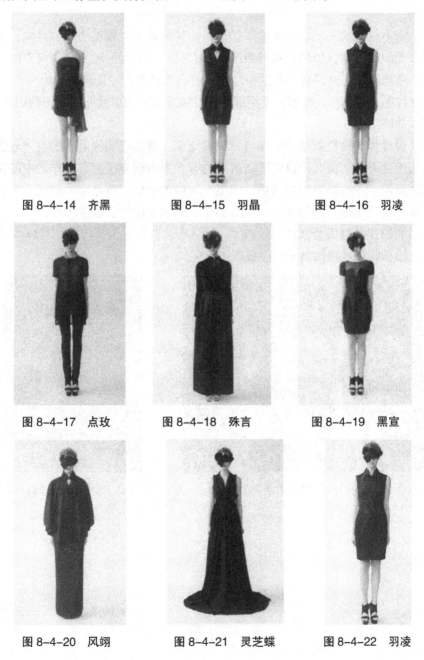

图 8-4-14　齐黑　　　　图 8-4-15　羽晶　　　　图 8-4-16　羽凌

图 8-4-17　点玫　　　　图 8-4-18　殊言　　　　图 8-4-19　黑宣

图 8-4-20　风翊　　　　图 8-4-21　灵芝蝶　　　　图 8-4-22　羽凌

# 第五节　空浸玄

　　空不仅仅是一种状态和追求，也是一种挽救于灵魂至边缘的径向，包揽着无限的思绪，似镜花水月般缥缈。它是一种遥远的境界，崇尚它的人将不断地修炼去追寻它，而这一过程中的痛苦难以言述且迷茫无踪⋯⋯

　　浸是几番润泽，渗透间千流而百汇，错综复杂的似线非线般婉约幻泽，刚柔并济。

　　设计师认为玄就像一座迷宫，纵横交错，犹如充满钟乳石的洞穴般迷幻而千变万化。由此她通过平面剪纸的方式来表现空浸玄系列作品中的深邃与幽深。一种镂空般的通透，图底互为渗透交织，就是那种表现女人花一般的灿烂华丽，如图8-5-1、图5-5-2所示为作品空浸玄大片系列，这一系列的作品材质为真丝绡、PVC、罗马布，造型师为吴应会，2011年由概念摄影师吴晨曦拍摄于悟空摄影工作室。

图8-5-1　空浸玄大片系列（一）　　　图8-5-2　空浸玄大片系列（二）

# 参考文献

［1］陈晓霞.褶皱在服装设计中的应用研究［D］.苏州：苏州大学，2016.

［2］韩兰，张缈.创意服装设计［M］.北京：中国纺织出版社，2015.

［3］侯家华.服装设计基础［M］.北京：化学工业出版社，2014.

［4］谢冬梅.服装设计基础［M］.上海：上海人民美术出版社，2014.

［5］徐亚平，吴敬，崔荣荣.服装设计基础［M］.上海：上海文化出版社，2014.

［6］凌雅丽.创意服装设计［M］.上海：上海人民美术出版社，2015.

［7］史林.服装设计基础与创意［M］.北京：中国纺织出版社，2014.

［8］肖琼琼.创意服装设计［M］.长沙：中南大学出版社，2008.

［9］刘晓刚，崔玉梅.基础服装设计［M］.上海：东华大学出版社，2003.

［10］史林.高级时装概论［M］.北京：中国纺织出版社，2002.

［11］牟娃莉.仿生元素在服装设计中的表现与应用［J］.装饰，2013（4）.

［12］刘元风.服装设计教程［M］.杭州：中国美术学院出版社，2002.

［13］刘元风，胡月.服装艺术设计［M］.北京：中国纺织出版社，2006.

［14］杨静.服装材料学［M］.北京：高等教育出版社，2006.

［15］柳泽元子.从灵感到贸易［M］.李当岐，译.北京：中国纺织出版社，2000.

［16］叶立诚.服饰美学［M］.北京：中国纺织出版社，2001.

［17］熊晓燕，江平.服装专题设计［M］.北京：高等教育出版社，2003.

［18］吴卫刚.服装美学［M］.北京：中国纺织出版社，2004.

［19］赖涛，张殊琳，吴永红.服装设计基础［M］.北京：高等教育出版社，2001.

［20］杨威.服装设计教程［M］.北京：中国纺织出版社，2007.

［21］张如画.服装色彩与构成［M］.北京：清华大学出版社，2010.

［22］林家阳.设计色彩［M］.北京：高等教育出版社，2005.

［23］刘晓刚，李春晓.时装设计造型［M］.上海：上海文化出版社，2000.

［24］李莉婷.服装色彩设计［M］.北京：中国纺织出版社，2004.

［25］袁仄.服装设计学［M］.北京：中国纺织出版社，2000.

［26］韩静，张松鹤.服装设计［M］.长春：吉林美术出版社，2004.

［27］曾红.服装设计基础［M］.南京：东南大学出版社，2006.

［28］崔荣荣.服饰仿生设计艺术［M］.上海：东华大学出版社，2005.

［29］余强.服装设计概论［M］.重庆：西南师范大学出版社，2002.

［30］邓岳青，现代服装设计［M］.青岛：青岛出版社，2004.

［31］杨永庆，张岸芳.服装设计［M］.北京：中国轻工业出版社，2006.

［32］黄子棉.解构主义在服装设计中的应用研究［D］.重庆：西南大学，2012.

［33］科斯格拉芙.时装生活史［M］.龙靖遥等，译.上海：东方出版中心，2004.

［34］张德智.服装面料的再造创新与设计的结合［D］.吉林：长春工业大学，2012.

［35］黄竹兰.服装设计中面料的二次设计［J］.贵阳学院学报，2006（2）.